女儿，你要学会保护自己

—— 女儿，你的人身安全比什么都重要 ——

向　阳◎著

网络诱惑

黑车失联

烟酒危害

台海出版社

图书在版编目（CIP）数据

女儿，你要学会保护自己 / 向阳著 . —北京：台
海出版社，2018.1（2020.10重印）

ISBN 978-7-5168-1714-8

Ⅰ.①女… Ⅱ.①向… Ⅲ.①安全教育—少儿读物
Ⅳ.① X956-49

中国版本图书馆 CIP 数据核字 (2017) 第 315867 号

女儿，你要学会保护自己

著　　者：向　阳

责任编辑：王　萍　　　　　　　　装帧设计：天下书盟
版式设计：刘龄蔓　　　　　　　　责任印制：蔡　旭

出版发行：台海出版社

地　　址：北京市东城区景山东街 20 号　邮政编码：100009

电　　话：010-64041652（发行，邮购）

传　　真：010-84045799（总编室）

网　　址：www. taimeng. org. cn / thcbs / default. htm

E－mail：thcbs@126. com

经　　销：全国各地新华书店

印　　刷：三河市三佳印刷装订有限公司

本书如有破损、缺页、装订错误，请与本社联系调换

开　　本：710×1000　　　1/16

字　　数：200 千字　　　　　　印　　张：15

版　　次：2018 年 7 月第 1 版　　印　　次：2020 年 10 月第 3 次印刷

书　　号：ISBN 978-7-5168-1714-8

定　　价：36.80 元

前言

女儿，当你呱呱坠地时，爸爸就立志要做一个"全世界最好的老爸"，引领你走向一个多姿多彩的未来，希望你有朝一日能够成为世界上最美丽、最幸福的小公主。女儿，为了实现这个伟大的理想，爸爸曾经设想了很多很多的成长方案，生怕因为自己一时的教导不力，让你无法拥有一个那么美好的人生。

然而，有一天，爸爸突然改变了这样的想法。

那段时间，爸爸无意中浏览新闻时，发现现实中有很多女孩，因为这样或者那样的原因失联了，最后即使找到了，传来的消息大多也是让父母无法承受的噩耗。这些女孩中，有的因为随随便便搭了别人的黑车，结果惨遭对方的强暴甚至是杀害，有的因为相信了陌生人的哄骗，结果被拐卖进了偏远的山村，此生再难与自己的父母见上一面，甚至还有的女孩仅仅因为热心帮助一个孕妇回了趟家，如花的生命就永远消失在了这个世界上。

女儿，身为父亲，了解到这些惨痛的案件时，内心的焦虑和恐惧是你所无法想象的。于是，爸爸做出了一个重要的决定，那就是先教导你学会保护好自己，平平安安地走完自己的人生路。

如果有一天，你连这个世界上潜在的危险都不能辨别、不能躲避的时候，还奢谈什么美好和幸福呢？

女儿，爸爸想要告诉你：你的人身安全比什么都重要。任何时候，你的平安健康都将是父母此生最大的心愿。爸爸希望你能够主动地养成良好的自我保护意识，知道这个世界上哪些行为是危险的，哪些行为是安全的，知道面对危险时，你应该依靠智慧，而不是依靠无谓的奋力反抗来应对人身方面的危险。

女儿，爸爸想要告诉你：在学校——这个你心中最纯洁的世外桃源里，其实也会有威胁、有恐吓、有攀比、有猥亵，你需要擦亮你的眼睛，学会保护好自己，这样才有资格享有一份美好、快乐的校园生活。即使有一天，你面对你最熟悉的男同学、男老师、男校长时，也应该保持一份警惕，时刻记住爸爸教导你的话：拒绝任何人抚摸你的身体，遇到这样的危险，记得一定要第一时间回家告诉爸爸，知道了吗，我的女儿？

女儿，爸爸想要告诉你：早恋看起来很美，但结果往往也是苦涩的。陷入早恋之中的你，很容易被所谓的"爱情"冲昏了头脑，也很容易被对方的"甜言蜜语"所哄骗，最终做出一些让你悔恨终生的事情来。女儿，青春期的你们，无论身体还是思想都处在一个尚不成熟的阶段，这个时候的你们，对真正的爱情缺乏客观的认识和感悟，很可能由于各种各样的原因导致分手。所以，爸爸希望你能够保持一份理性和清醒，切不可轻易奉献出自己宝贵的贞操，做出伤害身心的危险行为来。

女儿，爸爸想要告诉你：你的童贞很宝贵，你一定要用心呵护它。如果有一天，你遇到一个男生对你说："如果你不愿意付出你的身体，就说明不够爱我。"这个时候，爸爸希望你知道：真正的爱情不需要靠性关系来证明。这个世界上有很多真正美好的爱情，即使对方身患重病、遭遇不幸，也对其不离不弃，这样的感情才配得上叫作真正的"爱情"。如果一个男生，可以轻易地将性和爱对等起来的话，那你可以毫不犹豫地转身离开了。女儿，这个时候，爸爸一定会笑着恭喜你，恭喜你认清了一个不值得付出真心的男人。

女儿，爸爸想要告诉你：这个社会，其实比你想象的更为复杂，更为黑暗。爸爸希望你在这个复杂危险的世界里，学会保护好自己。爸爸曾经告诉过你：这个世界，并不是你投之以善良，就一定会得之以善良。所以，你应该远离烟酒、毒品的诱惑；不要参与赌博、麻将这些低俗的娱乐活动；平时养成不坐黑车、黑摩的的习惯；避免与异性独处一室，以免让对方有可乘之机；不要相信"天上会掉馅饼"的好事。

女儿，爸爸想要告诉你：你应该学会如何与陌生人正确地相处。有的时候，你走在路上，可能会碰到一些陌生人的求助，这个时候，你的行为应该是有界限的，知道什么行为可以做，什么行为不可以做。比如有人请求你送他回家，你应该坚决地予以拒绝，因为你一旦踏进他的家门，就很有可能把自己送入了一个危险的境地，想要脱身就很难了。再比如，有一天你走在路上，碰到陌生人热情地与你搭讪或者向你"示好"，记住，一定要保持清醒的头脑，尽快地离开这个人，因为接下来等着你的很可能就是陷阱了。

女儿，爸爸想要告诉你：你应该学会正确地对待你所处的这个网络世界，因为网络世界毕竟不同于现实世界。爸爸也知道，随着互联网的发展，想要完全置身于网络世界之外是不可能的。爸爸只是想让你时刻保持一份理智，清楚这个网络世界的匿名性和危险性。你面对网络世界里交到的所有朋友，都应该保持一定的隐私界限。不要把你所有的个人信息都完全地暴露在网络里，也不要随随便便相信"网友"的求助和好意，因为对方的任何信息，包括学历、性别、善恶都是你所不能确定的，没必要在网络世界里那么单纯地去相处。女儿，千万不要责怪爸爸的"无情"，因为你的"热情"，很有可能成为别人伤害你的一个弱点。爸爸宁可你这么"无情"地对待网友，也不希望你受到别人的一丝伤害。

女儿，爸爸还想要告诉你：面对危险时，最好的防卫武器其实是你自

己，懂吗？所以，平时你应该尽可能地学习一些自我保护的技能和方法，这些技能和方法说不定在你哪天遇到危险时就派上用场了。"有备无患"总归是好的。再有就是，对于女孩而言，自尊自爱、远离危险才是最为重要的防护措施，你懂得爱自己，不给别人随便伤害自己的机会，很多危险就自觉离你远去了。

女儿，最后，爸爸最想告诉你的就是：无论何时，爸爸妈妈都是你在这个世界上最为信任的人。无论你犯了多大的错误，受了多大的委屈，都可以敞开心扉，毫无保留地告诉爸爸妈妈，咱们全家一起来面对，好不好？千万不要赌气离家出走，也不要向父母隐瞒什么，记住爸爸妈妈永远爱你，爱你的一切。

女儿，记住哟，最爱你的男人一定是你的老爸。如果有一天，你碰到一个像老爸这么爱你的男人，那么恭喜你，你一定是找对了人生的伴侣。

Contents
目录

第一章　女儿，你的人身安全比什么都重要

女儿，自从你来到这个美丽的世界，爸爸妈妈就准备好了和你一起享受生命的美好。然而，生命又是脆弱的，就像天空的小鸟，有可能在你抬头的一瞬间，就消失得无影无踪了。而且，世界也没有想象的那么完美，它随时可能会给你带来伤害。所以，无论身处何地，你都应该谨记：你的人身安全比世间任何东西都要重要。因为有生命跳动的地方，才有熠熠生辉的希望！

第二章　保护好自己，校园生活才能更美好

> 女儿，校园是你学习的主要场所，也是一个小小的社会。在这个小社会里，充满知识、友谊、快乐和阳光，当然也会有一些不和谐音符，甚至有一些潜在的危险。爸爸希望你能够增强自我保护意识，学会一些保护自己的方法，这样才能够安然享受舒心的校园生活。

第三章　社会比你想的要复杂，千万不要迷失自己

> 女儿，校园生活相对而言是单纯而美好的，然而社会就不同了，它比校园要复杂得多，各种诱惑也很多。可是，你总不能天天埋头于校园里读书，而不接触社会呀。那么，面对社会生活，有哪些问题需要注意呢？抽烟、喝酒、赌博这些恶习你一定要远离，不要乘坐黑车、黑摩的，远离酒吧、娱乐场所等"是非之地"，当心各种骗局……

第四章　对待陌生人，你不能太单纯

女儿，多年前有一部热播电视剧《不要和陌生人说话》，为什么不要和陌生人说话呢？因为相对于熟人而言，陌生人充满了很多未知和不确定性，缺乏信任感和责任感，存在更多的潜在危险，所以对待陌生人你一定要小心、谨慎，不能太单纯。比如，谨慎对待陌生人的来电，陌生人问路要警惕，不要轻易送陌生人回家……

第五章　早恋是美好的，但结果往往是苦涩的

　　女儿，爱情是人类永恒的主题，它是甜蜜而美好的。然而，青春期的爱情则像一枚未成熟的青苹果，苦涩无比，摘下它，有时候还会给自己带来伤害。所以，女儿，还是与它保持一份距离，等到瓜熟蒂落时，再去品尝它的甜蜜吧！

第六章　正确对待性萌动，不要试着尝禁果

女儿，性和爱情一样是人类永恒的主题，且主宰着人类的繁衍生息，它神秘，而又充满诱惑。如果说青春期的爱情像一枚青苹果，那么青春期的性更像是一枚禁果，它不仅苦涩无比，偷吃它，还可能会遭受惩罚。

所以，女儿，这一时期，要抵制住诱惑，任何情况下都不要偷吃禁果，等到果子成熟时再去享受它的甜蜜吧！

第七章　网络是把双刃剑，别不小心伤了自己

女儿，现在是网络信息时代，几乎每个人的学习、生活、工作都离不开网络。所以，爸爸也不可能禁止你接触网络。然而，网络是一把双刃剑，它在带给我们便利的同时，也有可能被坏人利用，比如，一些坏人利用网络来行骗，传播不良信息，设置种种交友、购物陷阱等，对此你一定要提高警惕，谨防上当受骗。

第八章　女孩最好的防卫武器是自己

女儿，针对可能的危险和伤害，爸爸在这本书里给你讲了很多种方法，但是你知道保护自己最有力的武器是什么吗？家人的保护？朋友的帮助？警察叔叔对坏人的惩罚？都不是。最好的防卫武器是你自己！是你强大的内心，是你智慧的大脑，是你强烈的自我保护意识，是你熟练掌握的自我保护技巧……

第九章　无论何时，父母永远都是你最可信的人

　　女儿，每个女孩都是父母的掌上明珠，每位父母都是女孩最可信赖的人。我们对你的爱是无私的，是深沉的，更是其他人任何人都给不了的。所以，女儿，无论遇到什么事情，遇到什么困难，你都可以跟父母说，都可以向父母求助。无论遇到多大的事情都不要把它压在心底，爸爸担心你稚嫩的肩膀承受不起。

第一章

女儿，你的人身安全
比什么都重要

女儿，自从你来到这个美丽的世界，爸爸妈妈就准备好了和你一起享受生命的美好。然而，生命又是脆弱的，就像天空的小鸟，有可能在你抬头的一瞬间，就消失得无影无踪了。而且，世界也没有想象的那么完美，它随时可能会给你带来伤害。所以，无论身处何地，你都应该谨记：你的人身安全比世间任何东西都重要。因为有生命跳动的地方，才有熠熠生辉的希望！

女儿一生的平安是父母最大的心愿

女儿，在你出生之前，爸爸妈妈曾经对你的样子有过很多的想象，不知道你是一个美丽安静的小公主，还是一个古灵精怪的小丫头；也曾经对你的未来有过很多的憧憬，不知道长大后的你，生活是幸福恬淡的，还是奔波飘摇的。但这一切想象，在我们用双手捧起你小小的身躯的时候，都化为一份虔诚的祈祷：女儿，爸爸妈妈希望你的一生都平平安安的。你可知道，自你出生那日起，你的平安就是我们此生最大的心愿。

女儿，记住爸爸的话，人的生命是很脆弱的，就像天空的小鸟，有可能在你抬头的一瞬间，就消失得无影无踪了。同样地，女儿，你也要明白，若要有生命，就必须把安全放在第一位，只有时时刻刻想着安全的人，才能真正地拥有生命。

女儿，6岁时候的你，觉得自己已经是个小大人了，叫嚷着要学着独立做一些事情。比如外出时，非要自己一个人去洗手间，以此证明你已经长大了。女儿，你可知道，看着你慢慢走远的小身影，爸爸妈妈的眼睛其实一秒也没有离开过你！因为这个世界越来越复杂，而小小的单纯的你，有可能仅仅因为别人随便说一句"小姑娘，阿姨认识你妈妈，我带你去找她好不好？"就会蹦蹦跳跳地牵着别人的手走开。

女儿，爸爸妈妈无法想象你走丢的世界将会是多么的暗无天日。所以，爸爸妈妈希望你不要随便相信任何陌生人对你说的话，永远平平安安地围绕在我们身边，做我们幸福快乐的小公主，好吗？

女儿，10岁时候的你，差不多上小学五年级了。这个年纪的你，放学后应该可以自己走回家了吧。如果有一天，你放学后因为贪玩晚回了一会儿，直到突然惊慌失措地跑回家，告诉爸爸妈妈说："爸爸妈妈，我今天放学回家的路上，感觉有个叔叔一直跟着我。"女儿，你可知道，假如你遇到这样的事情，爸爸妈妈的心里该有多么的恐惧！

女儿，爸爸妈妈无法想象，假如有这么一天，你在贪玩时真的遇到坏人，受到了伤害，那么身为父母的我们该是多么自责！女儿，别忘了，你的平安一直是父母心里最大的牵挂和责任。所以，请你在放学后，尽可能地快点赶回家，平平安安地出现在爸爸妈妈面前，好吗？

女儿，12岁时候的你，应该已经读初中了。这个时候的你，应该慢慢知道，有些危险已经悄然来临，需要你更加小心地保护好自己不受伤害。爸爸妈妈想用一个真实的故事提醒你：

有一个12岁的小姑娘，她的名字叫小颖。小颖出生在一个有着8口人的大家庭里，家里有年迈的爷爷奶奶，还有身患疾病丧失劳动能力的伯父和弟弟妹妹，像许多农村的儿童一样，父亲在外打工贴补家用，母亲一人操持着家务。

有一天，小颖误认为自己胃疼，便被家人带去村诊所挂吊瓶，结果却被告知自己怀孕了！是的，年仅12岁的小女孩竟然怀孕了！追问之下，小颖回忆，2013年9月底，在学校上晚自习时，班主任张某让自己在教室外罚站，待晚自习结束时，张某叫自己去教室"补课"。随后，在教室内对其进行性侵。张某事后恐吓她不要将此事告诉父母，否则就把她的父母都杀掉。

小颖最终选择了沉默，但其实这是在不断地纵容坏人伤害自己。女儿，知道吗？爸爸妈妈希望你能够学会与异性相处，懂得保护自己。

女儿，还记得吗？在你6岁的时候，爸爸妈妈其实就告诉过你，从现在开始，你的身体不可以让任何异性抚摸，即便老师、父亲也不可以。对于这个观点，爸爸妈妈其实私下已经彼此沟通过，并且爸爸也很认同这个观点，会很自觉地在你洗澡、换衣服的时候主动回避。

另外，女儿，我们想告诉你的是，假如有一天，你有了与小颖同样的遭遇——无论对方是你的同学、老师，还是亲戚，一旦这些异性不正常地抚摸你，你一定要在第一时间逃离那个地方，并且马上把这些遭遇告诉爸爸妈妈，爸爸妈妈会带你去报警，将坏人绳之以法，确保你不会遭受到小颖那样的伤害。

女儿，你要记住，出现这样的事情，千万不要害怕我们的责备。在这里，爸爸妈妈向你保证，我们绝对不会责备你，只会更加温暖地呵护你、保护你，相信爸爸妈妈，好不好？亲爱的女儿，你要知道，你的平安可是父母一生最大的心愿啊！我们会永远做你坚强的后盾，永远把保护你作为我们生命中最为重要的责任。

女儿，你正在慢慢长大，记得父母的叮嘱：不要随便一个人与异性单独相处，不要随便和陌生男人搭话，不要轻易地跟任何男人离家出走，好不好？学会保护好自己，就是对父母最大的回报。

女儿，16岁的你，开始进入人生的叛逆期了吧。

这个年龄阶段的你，不喜欢再听从爸爸妈妈的悉心教导，因为这些教导在你眼里，很可能是一种啰唆的说教，所以你高喊着"我的事情我做主！""我的事情不要你管！"的豪言壮语，明确地表达着你的抗议。

这个年龄阶段的你，开始学着唱反调了。老师不让你烫发染发，你有可能偏偏染了一头黄灿灿的"狮子头"，挑战老师的权威；爸爸妈妈希望你能够把全部心思用到学习上，做一个全面发展的好学生，而你呢，却有可能我行我素地看着漫画和小说，执着地强调着"我偏要做自己，让别人去说吧"！

而且，有可能，在爸爸妈妈无比焦虑地试图管束你的时候，你却表现出更为严重的叛逆心理，开始与我们顶嘴，甚至是敌对、离家出走。但是女儿，你要知道，爸爸妈妈也是第一次在努力学习做更好的父母，如果可以，爸爸妈妈希望我们之间能够有一次平和的交谈机会，在那一刻，我们不再是父母，而是你的朋友，可以吗？爸爸妈妈希望陪你一起，度过一个相对平和、安全的叛逆期，同时，也衷心祝福你能够拥有一个多姿多彩的青春期。

女儿，在你成长的过程中，也许还有很多很多难以预测的风风雨雨，爸爸妈妈不能替你抵挡这些人生的坎坷与风浪，但我们会竭尽全力地爱护你、守护你，看着你平安快乐地长大。若能如此，便是父母此生最大的心愿了。

做一枝带刺的玫瑰，安全而美丽地绽放

女儿，提起玫瑰，你脑海里浮现出来的词语一定都是美好的吧，比如"娇艳欲滴的玫瑰"，再比如"芳香四溢的玫瑰"。可是，女儿，你知道吗？在玫瑰艳丽的外表下，还隐藏着许多尖利无比的小刺，所以我们有时候称玫瑰为"带刺的玫瑰"。女儿，爸爸希望你以后也能成长为一株美丽而又带着小刺的玫瑰花，在带给世人美丽的同时，也能够很好地保护自己。

你一定会问，爸爸，为什么要带刺呀？宝贝，你准备好了吗？爸爸打算以一个美丽的故事来告诉你这个与安全成长有关的答案。

据说，玫瑰原来并没有长刺，由于她特有的美丽和风姿引来了很多很多的采摘者。随着玫瑰越来越红，她也渐渐地变得骄傲了。直到有一天，她的好朋友——刺，看不下去了，她严肃地批评了玫瑰，指出她不仅不应该感到骄傲，甚至还应该感到惭愧。玫瑰感到不解，于是问刺："为什么啊？"

刺很诚恳地对玫瑰说："美丽的花朵是很珍贵的，应该属于勇敢的采摘者。而现在呢，任何人都可以随便得到你，你不应该感到惭愧吗？"听刺这样一说，玫瑰的脸红了。"不过，不要紧！"刺接着说，"我给你带上一些小刺，来保护你的美。这样，能够得到你的一定是不怕刺扎的勇敢的人了。"后来，玫瑰带上了刺，变成了带刺的玫瑰。她不仅特别美丽，而且个性独特，成为花中的佼佼者。

女儿，这就是带刺的玫瑰的美丽传说。现在你应该知道了吧？爸爸希望你在一天天变成公主的过程中，懂得保护自己，守护好自己的这份美丽。外面的世界对你而言，太过于迷茫和危险，你要记得下面这两个发生在我们身边的危险案例，时刻树立起自我保护的意识。

2014年9月25日，北京某小学一名男老师被警方抓获，其在3个月的时间里带着一名12岁女孩开房9次。

2017年7月23日，在某镇小姨家做客的7岁女童王某，因与小朋友闹矛盾，在独自回自己家的路上，中途不慎迷路，被好心路人带到派出所求助。民警在查清身份后，冒着酷暑将小女孩送到亲人身边。

女儿，这些案例都是真实地发生在我们身边的事情，爸爸希望你时刻保持警惕，多长一些安全的"小刺"，以免自己受到来自外界的伤害。

这时候，你也许会问："爸爸，我的身上到底应该长一些什么样的小刺，才能保护好我自己呢？"好了，爸爸现在就教你几招"长刺"的办法，让你变成一株真正的"带刺的玫瑰"。

1. 女儿，你应该学会正确面对陌生人

女儿，自从你来到这个世界上牙牙学语的第一天开始，爸爸最想给你上的第一堂有关安全的课，就是如何学会与陌生人相处。女儿，你应该还记得那个给你讲过了无数遍的《小白兔与大灰狼》的故事吧？你应该开始学着辨别身边的"大灰狼"了，不要轻易地相信陌生人——也就是你所理解的"大灰狼"的话，比如他提出要带你去找爸爸妈妈，带你去买你最爱吃的棒棒糖，想让你帮忙指一段去哪里的路……诸如此类的话语，女儿，你一定要竖起你身上的小刺，记住爸爸对你说过的话："千万不要轻易相信陌生人的话，如果你还没有长到足够大的话。"

2.你应该学会与异性保持一定的距离

女儿，男孩和女孩之间应该保持一定的距离，不要超越朋友之间的界限，以免受到不必要的伤害。在你很小的时候，爸爸就跟你说过：女孩子上厕所、洗澡、换衣服的时候，应该跟男孩分开，这是最基本的性别界限。等你长大一点儿，生理成熟之后，更应该与异性保持一定的身体界限，比如任何情况下都不可以与异性朋友在一个房间里长时间地共处，哪怕你们只是单纯地在交流作业；再比如，在与异性同学一起聚餐时，尽量不要喝酒，更不可以在你喝醉酒的时候让异性同学送你回家。女儿，记住了吗？无论何时何地，只要你有需要，第一时间应该求助的最佳异性人选是爸爸——你永远的护花使者啊！

3.女儿，你还应该有一颗自尊自爱的心

教育界有句名言："男孩要穷养，女孩要富养。"自从有了你这个小公主之后，爸爸研究了很多关于"富养女孩"的文章，有人说，"富养"应该侧重物质层面的供养，因为一个从小衣食无忧的女孩才可能禁得起社会上各种花花绿绿的诱惑，不丧失自尊；而有人说，"富养"更应该侧重精神层面的浇灌，因为一个有着丰富人生阅历的女孩，才能在诱惑面前保持一份理智和自尊，不会爱慕虚荣、贪小便宜。总的来说，爸爸赞同"精神上的富养"这个说法，希望尽可能地带你多走一些中国甚至是世界的大好河山；希望多教导你一些关于生命和信仰的人生哲理，从而丰富你的精神世界和视野；还希望你将来长大后，不会因为别人的一句甜言蜜语就迷失了自我，更不会因

为虚幻的物质享受就淡忘了幸福原本的样子……好好成长吧,我的女儿。

总的来说,爸爸最希望你长出的三根刺,就是正确与陌生人的相处方法、学会与异性相处的行为界限,最后一个,就是学会抵制诱惑的自尊自爱。有了这三根自我保护的"刺",爸爸相信你最终会成长为一株美丽而又高贵的"带刺的玫瑰",安全而又美丽地长大成人。

自我保护意识比保护技巧更重要

女儿,当你来到这个世界时,世界迎接你的是灿烂的阳光和满满的爱意。在你的眼里,小草永远是绿色的,花朵永远是红色的,天空永远是蓝色的。然而,随着你的长大,爸爸还是觉得有必要跟你好好聊一聊你生活的这个世界,让你了解一下它真正的样子是什么。

是的,这个世界是美好的,但在很多你看不到或者想不到的地方,同样存在着一些危险和阴暗。所以,女儿,爸爸想要告诉你的是:无论何时何地,你都要有强烈的自我保护意识,这些自我保护意识远比你掌握几个简单的保护技巧更重要。因为,很多危险依靠自我保护意识是完全可以避免的,而依靠保护技巧顶多也只是减轻伤害的程度。孰轻孰重,你好好思考一下吧!

女儿,有一部电影爸爸想与你分享一下,好吗?

它的名字叫作《素媛》。主人公素媛是一个乖巧懂事的韩国女孩,生活在一个普通家庭里面。爸爸是一位普通工人,妈妈开了一家小卖部。有一天下着雨,素媛去学校的路上碰到了一个喝了酒的老头,她好心为这个老头打着雨伞，结果被这个老头性侵了。这个老头不仅对她进行了性侵，还对她进行了身体上的伤害，她的脸部、胸部被重击，肛门、大肠都遭到严重损伤。被警察发现的时候素媛血肉模糊，简直让人不敢直视，后来她只能靠人工肛门生活。此后，她的心灵遭受了很大的创伤，即使深爱她的父母想尽办法陪她走出阴影，她也注定无法再回到从前无忧无虑的童年时光里了。

女儿，这个结局很悲伤吧。爸爸不知道在特定的情况下，你是否也会好心地撑着雨伞，帮助一个陌生人回家？如果是的话，爸爸的心里该有多么着急啊！即使很不愿意让你看到这个世界阴暗的一面，但爸爸还是要认真地提醒你：女儿，你要时刻记住这个世界不光是美好的，有些时候，你投之以善良，得到的却可能是伤害。所以，女儿，你切记要时刻具备自我保护的意识，以后尽可能地避免危险的发生。

从心理学角度而言，自我保护的意识，除了是一种本能，是一种维持生命不可缺少的自觉行为外，更是一个经验积累的过程。也就是说，自我保护意识的培养需要不断地总结经验教训，直到它有一天成为你的一种本能意识。

女儿，当你不断地提醒自己要加强自我保护意识之后，你就会发现，它已经内化进你的生命里了。有了它，你就会更加理性地与陌生人相处，也会慢慢意识到每个行为可能导致的不好结果，这样的话，你在做事之前，就会慢慢地学会趋利避害，主动对危险的环境说"NO"。

如果说自我意识是一个经验积累的过程，那么，爸爸希望帮助你完成这个过程的人是我。亲爱的女儿，自我保护意识的培养，不是一朝一夕就可以完成的，它需要你从每一件小事开始学习。

女儿，还记得吗？在你刚学会走路的时候，爸爸就带着你看遍了家里大大小小的插孔，反反复复地告诉过你，这个小黑洞是一个会咬人的电老虎，你如果把你的小指头塞进去的话，很可能就永远失去它了哦。后来，你再看到插孔的时候，就会假装很害怕的样子，说"老虎、老虎"。这个时候，爸爸是欣慰的，因为你已经开始具备了人生基本的自我保护意识。

后来，你长大了一点儿，爸爸陪着你一起看完了一系列的"安全教育视频"，你了解到了坐电梯、坐公交工具、玩耍时应该注意的一些危险。当你掌握了这些安全常识时，你在做这些事情时便会具备一定的自我保护意识，知道自己的哪些行为是安全的，哪些行为是危险的。甚至你在看到别的小朋友做出一些危险动作时，你会很小声地告诉爸爸说："爸爸，那个小朋友坐电梯时打闹了，这样是不对的。"是的，女儿，爸爸很自豪，你又增加了一些自我保护的意识。

随着你年龄的增长，爸爸要告诉你的自我保护经验会越来越多，相信你的自我保护意识也会越来越强烈，总有一天，很多事情不用爸爸提醒，你也会知道，这样做会导致什么样的危险后果。如果那样的话，爸爸也算"教有所成"了。

女儿，这个世界真的太大了，爸爸不可能将所有的黑暗面都一一告知于你。但总的来说，有一些重要的自我保护意识是你应该时刻谨记的。下面，爸爸就跟你好好聊一聊，好不好？咱们争取把所有的危险都扼杀在萌芽状态。

1.养成预见后果的习惯

"未雨绸缪"说的就是这个意思，种瓜得瓜，种豆得豆，什么样的行为就会导致什么样的结果。所以，女儿，从现在开始，小到过马路，大到谈恋爱，你都应该养成预见行为后果的习惯。在你做出每一个决定之前，都应该好好想想爸爸曾经对你说过的话："这样做有危险吗？""遇到危险你能解决吗？"如果答案是可能有危险，那么就放弃这样的决定，换个稳妥的办法试试看。俗话说："不怕做不到，就怕想不到。"女儿，你要知道，很多灾害在刚刚开始的时候，并不可怕，但是由于当事人浑然不觉，任其发展，结果导致后果严重得不可收拾。

2.平时多关注与安全有关的新闻

女儿，有个词语叫做"见多识广"，这个词放在自我安全意识的培养方面，非常恰当。爸爸希望你平时养成多关注安全新闻的习惯，并且善于从案例中吸取安全经验，杜绝同样的悲剧再次发生。举个例子，如果你用心关注了2013年那则"善良女孩送孕妇回家，反被侵害，侵害不成又被残忍杀害"的新闻，就应该从中吸取教训，下次遇到陌生人的求助，你可以选择性地进行帮助，比如帮她叫个出租车可以，但是送她回家的请求就应该断然拒绝掉。很多时候，你以为自己是在表现善良，但坏人终究是坏人，在他的眼里，你的善良只会成为他们可以利用的薄弱点，从而找机会对你发起攻击。因此，女儿，你应该多多关注身边发生的惨痛案例，从而培养自我保护意识，下次如果遇到同样的事情，要时刻保持警惕。

3.让自我保护成为一种行为习惯

有研究发现：人的行为70%以上都是习惯行为。俄罗斯教育家乌申斯基曾说过："如果你养成好的习惯，你一辈子都享受不尽它的利息；如果你养成了坏的习惯，你一辈子都偿还不尽它的债务。"女儿，你应该让自我保护意识成为一种行为习惯，时时刻刻把自己的安全放到第一位。当然，你要想养成良好的自我保护的行为习惯，就应该记住爸爸平时教给你的一些安全规则：比如与异性交往保持一定距离；外出要遵守交通规则；不要随便相信陌生人的话；等等。总之，让这些规则都慢慢变成你自我保护的行为习惯，好好地珍惜你的生命吧。

女儿，看完这些，你应该真正明白，自我保护意识的培养远比任何的保护技巧都重要，因为它能让你以更加谨慎的态度去应对这个世界的黑暗和危险。我的女儿，如果有一天，你开始懂得如何保护自己了，那么爸爸该有多么开心啊。

不要为了任何事情丧失做人的基本原则

无规矩不成方圆，同样地，做人也得有规矩、有原则。女儿，你在上学的时候，学过一句话，叫作"不以恶小而为之，不以善小而不为"。这句话是什么意思呢？爸爸给你讲得通俗点儿，就是不好的事情，你不要觉得它只是小事情，就选择去做了；而好的事情，你也不要因为它只是件小事情，就选择不去做。总之一句话，做人做事，都要讲原则，不好的事情坚决不做，好的事情就要主动去做。

举个简单的例子，你很喜欢家门口的儿童游乐场。游乐场里有一片沙滩，很多小朋友都喜欢拿着自己的沙滩玩具去玩沙子。沙子太多，很容易就把玩具埋进去，找不见了。所以有天中午，你在玩沙子的时候，竟然从沙堆里惊喜地挖出了一件"宝贝"——一把塑料小铲子。第一次意外发现了这样的"宝贝"，我记得你当时一脸兴奋地向我扑过来，告诉我说："爸爸，我捡到了一个小铲子！"我当时反问你："宝贝，这是你的东西吗？"你失望地摇了摇地头说："不是。"然后，我接着问你："那你能不能把它带回家呢？爸爸之前告诉过你，别人的东西不可以随便拿回家的哦。"你虽然很不舍，但最后回家的时候还是规规矩矩地把小铲子放回了原地，等着它的主人来找它。

女儿，这就叫作"勿以恶小而为之"，爸爸很自豪，你用自己的行动解释了这句话的含义。女儿，爸爸希望你以后人生中遇到的所有事情，都能够自觉地坚守这个最基本的做人原则，不要随便地为了得到任何东西，却丢掉了你最为宝贵的东西——人格尊严。

与下面这个小女孩的做法相比，爸爸无疑是欣慰的。但爸爸希望你在更大的物质诱惑面前，也能够像当初放回小铲子的行为一样，牢牢坚守住自己的做人原则，不在任何物质诱惑面前低头。

2014年10月15日，桐城市公安局某刑警中队接到一位精品店店主周某的报案，称其放在收银台上的一部苹果iPhone 5S手机被盗。通过查询监控，侦查员发现，当日17时许，两名初中女生进入店内，其中一名梳着马尾辫的女孩在接触过收银台后匆忙离开。通过调查走访，侦查员最终锁定了嫌疑人身份为初二学生汪某。当晚，侦查员赶赴汪某家中，将涉嫌盗窃的嫌疑人汪某抓获归案，现场起获被盗苹果iPhone 5S手机一部。

经讯问得知，当日下午，犯罪嫌疑人汪某逛街至精品店，发现柜台上摆放了一部iPhone 5S手机，因虚荣心作祟，汪某顺手牵羊盗走手机。汪某还供述，其于今年5月份，在桐城市某手机广场，用同样方法盗窃了一部价值1300元的某品牌国产智能手机。

女儿，你千万不要向案例中的汪某学习，仅仅因为爱慕虚荣就去偷盗别人的手机，这种行为太不应该了。爱慕虚荣的攀比心理，既害人又害己，你千万不要因为一时贪小便宜，而做出不理智的举动来。

古今中外，无论男女老少，贫富贵贱者皆有自尊心，但若自尊心扭曲就会变成虚荣心，它是一种追求虚表的性格缺陷。从这个角度上讲，虚荣心其实是一种过度自尊的表现。女儿，爸爸知道，其实很多人多多少少都会有一些虚荣心，虚荣心本身并不算是一种恶行，但很多恶行却都是因为虚荣心而起，很多人为了满足自己的虚荣心铤而走险，葬送了自己的青春。所以，女儿，虚荣心是一种不健康的心理状态，你应该时刻警惕它的危害。

女儿，爸爸从小就教导你，女孩子一定要自尊自爱，要像一朵高贵的雪莲花那样冰清玉洁，也要像一朵带刺的玫瑰花那样珍视自己的美丽。千万不可为了追求虚荣的物质享乐，而轻易丢失了自尊。物质方面的缺失可以靠赚钱弥补回来，然而，女孩的基本原则一旦瓦解了，那她的尊严、美丽与人格都将一溃千里，再也不能完整了。

其实，身边不乏这样的虚荣女孩，有的女孩仅仅为了过几天好吃好喝的虚荣日子，就不惜以200元钱出卖了自己的肉体，还有的女孩为了爱慕虚荣买一部苹果手机，就随随便便地跟男孩去开房了。女儿，这样的人生是有残缺的，爸爸希望你能珍爱自己的身体，因为你的身体发肤皆受之于父母；爸爸也希望你无愧于自己的尊严，因为那是女孩最为珍贵的东西。

女儿，你在面临选择的时候，心中应牢记"舍得"二字，毕竟有"舍"才有"得"，有"得"就得舍，世界上没有十全十美的事情，更不可能让你全部都占有。

在你很小的时候，爸爸就这样教导你："别人拥有的东西，你未必会有，可是，我的女儿，你也该知道，别人没有的东西，你却有可能有啊。所以，多想想这一点，那么你的心态自然也就平衡了。"

女儿，多学学美丽的奥黛丽·赫本吧。赫本在年轻的时候，几乎可以说是攫取了全世界男人的心，她简直就是上帝的宠儿，落入人间的天使，有着近百年来无人超越的顶级美貌。

可是，提到她，人们总是简单地想到她那惊为天人的美貌，却很少有人意识到她身上那种真正的美丽——源于灵魂深处的高贵魅力。她的一生，是真正精彩丰富的一生，坦坦荡荡，不曾用美貌去交换过任何东西。她会勇敢大胆地去追求自己想要的爱情，也会毫不吝啬地把关爱和金钱用于救助非洲那些饥饿的儿童。

女儿，爸爸希望你有朝一日也能成为像奥黛丽·赫本那样拥有人格魅力的女孩，精神上永远丰富、独立，不会为了任何事情而丧失做人的基本原则，也不会把自己随随便便交换给任何的物质享乐，这才是美丽的最高境界。

女孩成长过程中，要当心哪些伤害

女儿，每当爸爸牵着你小小的手向前走的时候，都会感到身上的使命无比艰巨：这个女孩需要我用一生去呵护，去牵挂。很多时候，我跟身边的朋友聊天，说要是当初生个男孩的话，我肯定会放手让他去闯荡、去拼搏，整个世界都可以任由他去肆意驰骋，但是生了女儿就不一样了，我会关心她的每一天过得是否快乐幸福，更为关键的是，我会忍不住担心她的每一天是否平平安安，有没有受到外界的一些伤害。可以说，她的平安健康，是我此生最大的期望。

女儿，可能你会骄傲地拍着胸脯说："爸爸，你焦虑过度了，我已经是个大女孩了，可以保护好自己的。"能听到你这么说，爸爸当然很为你高兴，最起码，你已经有了自我保护的意识，知道自己保护自己了。但是，这个世界不是你想象的那么简单，爸爸曾经告诉过你，你投之以善良，很可能得到的却是伤害。所以，爸爸仍然要认真地告诉你："女儿，成长是一个很漫长的过程，在这个过程中，你可能会遇到许许多多意想不到的伤害，所以你要时刻保持警惕，将这些伤害阻隔在外面。"

为了方便与你探讨这些成长过程中的伤害，爸爸打算分两个大方面来谈谈，女孩在成长过程中要当心哪些伤害？其中一个是来自同性方面的伤害，另外一个则是来自异性方面的伤害。

1.女儿，你要当心来自同性之间的伤害

女儿，爸爸想请你先看看下面这个发生在校园里的暴力事件，一个初中女生遭受了同学的暴力殴打。

2017年，网上流传了一段一名中学女生被两名女同学轮流扇耳光的视频，这个视频在网上引起了极大的关注。经过了解，这名女生是河南省伊川

县某中学八年级的学生，因为琐事被校内两名女同学轮流扇耳光至少21次，并遭薅拽头发。事件发生时，教室内有很多同学围观，甚至有三部手机凑近女孩的脸进行拍摄，从视频里可以清晰地听到，该女生因为害怕和疼痛而大声尖叫。

后来经过了解，原来这个女孩出身于单亲家庭，家庭很贫困，可能因此经常受同学的欺负。

女儿，看完这个案例，你可能感到很震惊吧，觉得平日里那么和谐的校园，竟然会发生这么恶劣的打人事件，还是发生在女孩子之间！

女儿，你知道吗？男孩之间的人际交往往往很简单，他们有意见了一般会选择直接表达出来，矛盾严重的情形下可能会出现大打出手、怒目相对的情况，但是这样的矛盾往往是摆在表面上的，你可以看到矛盾，也更能有针对性地解决矛盾。然而女孩之间不一样，女孩天性敏感、易情绪化、易嫉妒，很容易因为鸡毛蒜皮的小事发生冲突，而且冲突的表现方式还非常隐蔽，你往往不易发觉，不易感知。面对冲突，很多女孩不是通过心平气和的方式去沟通，而是以说对方坏话、排挤对方、离间、诽谤的方式对对方进行报复。甚至，有的女孩会纠集几个人对对方进行暴力殴打以及人格侮辱。

我的女儿，爸爸希望你能友善地与别的女同学和平共处，多看看别人身上的优点，坦率地赞扬对方、夸奖对方，让对方感受到你的善良和豁达，这样长此以往，大家也会喜欢与你相处。另外，多给对方一些温暖和帮助，比如遇到对方的生日，你可以用心选一个小礼物送给她，她一定会很开心的。有时候礼物不在于轻重，关键在于你的心意和善意。女儿，如果你有一个和谐的人际关系，那么你的人生将少受很多来自同性方面的排挤和伤害。

2.你还要当心来自异性方面的伤害

同样地，为了让你更能理解爸爸的担忧，爸爸也举一个来自异性方面伤害的例子。

小珍今年14岁了。暑假期间，小珍频频找各种借口不回家过夜，"一会儿说和同学在广场，一会儿说班上的女同学爸妈去香港旅游，需要陪宿几天"，虽然小珍的爸爸妈妈很担心，但每每总有"女同学"发短信或打电话报平安，他们也就信以为真了。结果到了9月份，刚上初中不到两个星期，老师就通知家长，说小珍身体不适。情急之下，小珍的爸爸带着小珍去了两家医院诊断，结果才得知小珍竟然怀了2个多月的身孕。

原来让小珍怀孕的，是和她同年级的14岁男生小刚，并且小珍的爸爸还发现了小珍的谎言。原来她根本不是陪女同学，实际上就是和小刚躲在一个出租屋里过夜。小珍的爸爸带着她去做了人流手术后，小珍便一直躲在家里，一谈起这件事就会和父母大哭大吵，甚至还曾试图拿刀砍父母，父母不知道怎么办才好。

女儿，一个14岁的女孩，正值豆蔻年华，却因为一时糊涂葬送了自己的美好青春。早恋怀孕，无论对其身体还是心灵所带来的伤害都是无法用金钱弥补的。因为这个时候的女孩身体还未完全发育好，尚处于不太成熟的阶段，若这个时候有太早的性接触，对身体将造成很大的伤害。另外，这个时候的恋情是极其不稳定的，男女双方的思想、价值观尚未成熟，很容易随着各自的成长而出现分歧，从而以分手告终。再加上在上学期间，还有分班、考学等各种现实因素的影响，恋情更是不容易稳定发展下去。因此，每一个女孩都应该以此为鉴，好好爱惜自己，不要让自己的身体和心灵受到无端的伤害和摧残。

女儿，来自异性方面的伤害也不只早恋这一件事情，随着你的成长，还可能受到来自其他异性的伤害，比如在乘坐公交车、火车等公共交通工具时，要警惕陌生人的骚扰；再比如平时与异性相处时，要时刻保持警惕，记住爸爸曾经告诉你的话语："任何异性都不可以随便触碰你的隐私部位，包括你的老师、医生、同学在内的任何异性都是如此，如果发生了这样的事

情，你一定要第一时间告诉爸爸，知道了吗？"

女儿，总之爸爸希望你拥有一颗睿智的心，学会和谐地与你的同性朋友相处，同时也要拥有一双锐利的眼睛，识别生活中可能会对你的身体和心灵造成伤害的危险异性，平安、快乐地度过你的童年和青春时光。

任何时候生命都是最珍贵的

法国诗人吕凯特说过："生命不可能有两次，但许多人连一次也不善于度过。"这句话说得很正确，一个人，无论贫穷还是富有，健康还是疾病，都只有一次生命，生命一旦失去，是花多少金钱也买不到的。所以，女儿，爸爸希望你能够善待你的生命，记住在任何时候，生命都是最珍贵的。

女儿，如果你的房间突然着火了，你该怎么办？是返回卧室拿上你最喜欢的平板电脑往外跑，还是第一时间跑出房间逃命呢？女儿，爸爸想要告诉你的是，家里的东西即使再贵重，也没有你的生命珍贵，因为你只有一次生命！所以下次遇到火灾发生的情况，你应该第一时间放弃所有的财物，迅速沿着楼梯往下跑。现实生活中，因为贪恋财物反而错失了最佳逃生时间的人大有人在，爸爸不希望你成为其中的一员。女儿，请记住：留得青山在，不怕没柴烧。如果你能在火灾中活下来，那么接下来的一切皆有重新获取的可能，而如果你因为贪恋财物丢失了唯一的生命，那才是真的得不偿失呢。

女儿，如果你走在放学回家的路上，遇到抢劫财物的歹徒，歹徒对你大喊："要钱还是要命！"这个时候，女儿你要记住，一定要选择生命！还是那句话，生命永远都只有一次，钱没了以后可以再赚。东北某地曾经发生过这样一起抢劫案件：

歹徒威胁一位女市民：给我点儿钱花。这名女市民回复道："我老公是警察！"歹徒最后问了一遍："你要钱还是要命？"这名女市民对着歹徒大喊道："我不要命！你打死我呀！"结果，歹徒恼羞成怒，冲着她的脑门就是一枪，尽管后来歹徒被判了无期徒刑，但是这名女市民却成了植物人，躺在床上再也醒不过来了。

所以，女儿，爸爸希望你遇到这种情况的时候，能够理性一点儿，果断放弃财物。因为还有什么会比你的生命更宝贵呢？

女儿，还有一件爸爸不得不与你探讨的事情，那就是贞洁和生命孰轻孰重。按照中国的传统思想，女性的贞洁当然远比生命要重要得多，遇到被别人侵犯的时候，一定要誓死抵抗，守护清白，这样的女子才被称为贞洁烈女。然而，现代社会已经不再是这样的旧观念了，爸爸想要跟你说的是，爸爸当然希望你的一生都平平安安的，永远不会受到任何挫折和伤害，但这样的理想在残酷的现实面前其实是非常苍白无力的。如果有一天，你也遇到这样的危险，在贞洁和生命之间只能选择一种的话，爸爸想给你的建议是：任何时候生命都是最珍贵的。爸爸不希望你因为执着于自己的贞洁，从而不顾一切地以命相搏。毕竟你有生命在，未来才有重新美好的可能。

作家林希曾写过一篇文章，叫作《石缝间的生命》，每读一遍这篇散文，爸爸都会非常感慨：大自然之中，连一棵野草都这么执着地捍卫自己的生命，作为人类的我们，又怎能轻易地放弃自己宝贵的生命呢？

女儿，爸爸摘录其中的几段精彩之处，供你学习，好吗？

生命的本能是多么尊贵，生命有权辉煌壮丽，生机竟是这样的不可抑制。

或者，就是一团团小小的山花，石缝间的蒲公英因山风的凶狂而不能长出高高的躯干，因山石的贫瘠而不能拥有众多的叶片，它们的茎显得坚韧而苍老，叶因枯萎而失去光泽，只有根竟似强固的筋条，仿佛柔中带刚的藤蔓，深埋在石缝狭隘的间隙里，默默成为攀登者可靠的抓绳。

生命就是这样被环境限制着，又被环境改变着，适者生存的规律尽管无情，但生命原本就是拼搏。

女儿，这就是生命啊，连石缝中的野花野草都在拼尽全力维护自己的生命。我们人类更应该向它们这种顽强不息的求生精神学习，珍爱生命，自强不息。

女儿，每每看到这篇文章，爸爸都想告诉你，下次如果遇到很难迈过的坎，就想想《石缝间的生命》吧。

现实生活中，有的女孩仅仅因为失恋，就选择从高楼跳下，放弃了自己如花的生命。还有的女孩，仅仅因为一时的挫折，就自甘堕落，沉迷于毒品之中自生自灭，极其不珍爱自己的生命。这样的女孩，爸爸觉得她们很傻，女儿，你觉得呢？活着多好，只要活着，未来就有无限的可能啊，你可能有一份充实的学业，可能有一段美好的爱情，甚至还可能有一双无比可爱的孩子围绕在你的身边……这些美好的未来，都有一个前提，那就是珍惜你的生命，好好活着。

想想那些在汶川大地震中存活下来的人吧。他们在与死神擦肩而过之后，得到的最深切的体会就是"好好活着，活着比什么东西都珍贵"。他们之中，有的失去了最亲爱的孩子，却选择坚强地活着，坚持着。10年过后，我们再看看他们现在的生活，会发现他们的脸上又重新绽放出了生活的信念，身边又围绕着新出生的孩童。试想，如果他们在痛苦面前，不堪一击，选择一死了之，那么你将无法在震后的废墟上看到他们重新建设起来的美好家园，同样地，你也将再看不到这些曾经被苦难折磨得痛不欲生的人们，在重新拾起生活的勇气之后，活得有多么精彩！

女儿，爸爸希望你向上面提到的所有珍爱生命的人们，甚至是动物和植物学习，学习他们那份对生命的敬重之心。无论任何时候，即使身处看不见光明的困境之中，爸爸希望你也能认识到，在这个世界上，唯有生命是最珍贵的！

我的女儿，好好地珍视生命，在逆境中活出属于你的多彩人生吧！

识别生活中常见的十大危险骗局

女儿，在家里的时候，爸爸一直教导你要做一个诚实的孩子，任何时候，答应别人的事情，都一定要尽力去做到。诚恳待人非常重要，正如一句名言所说的那样："失足，你可以马上恢复站立；失信，你也许永难挽回。"所以，女儿，爸爸希望你能够记住我的教导，尽最大的努力诚恳对待身边的朋友以及这个世界。

然而，爸爸却必须告诉你一件残忍的事情：爸爸希望你能够诚恳地对待这个世界，但是，这个世界却未必肯以全部的真诚回报于你，它充斥着很多的欺骗和伤害，需要你擦亮眼睛去辨别。

女儿，为了你能够健康、平安地成长，爸爸认真总结了生活中比较常见的十大危险骗局，现在想与你一起学习一下，如果在以后的生活中遇到这些危险的骗局，你可以睁大眼睛，保持警惕，不要被它欺骗。

1.不要跟陌生人走

女儿，你知道吗？中央电视台有一档收视率很高的寻亲节目，名字叫做《等着我》，里面的每一期节目都是一个有关丢失亲人与寻找亲人的故事。其中很多小孩都是在年幼无知时，被陌生人骗走的，而陌生人骗走小孩的说辞往往都很简单："小朋友，我带你去找妈妈，好不好？""小朋友，我带你去买好吃的，好不好？"女儿，爸爸希望你从小就记住：任何时候，无论陌生人怎样哄骗你，你都要坚定一个信念，坚决不能跟他走。否则，你此生将很难再见到亲爱的爸爸妈妈了。

2.不要相信花言巧语

女儿，当你情窦初开的时候，可能对爱情充满了各种美好的憧憬，所以你很容易被一个男生的花言巧语所欺骗，认为对方所许诺的美好正是你梦中所期待的。可是，我的女儿，爸爸要告诉你的是，关于爱情，你一定要保持你的理性和谨慎，爱一个人，就要看清他的人格和品性，看他是否真的在用心爱你，是否会愿意付出全部的爱来陪你共度人生的所有幸福与苦难。记住，千万不要被男生的花言巧语所迷惑，从而迷失掉自我。

3.不要相信关于美容的广告

女儿，每个女孩来到这个世界，都带着自己独特的美丽。有的女孩眼睛虽然小，但是看着炯炯有神，同样显得独有魅力；有的女孩鼻子虽然不够高挺，但是跟五官搭配在一起，也同样显得很别致。所以，能够自信地接受上天给予你们的一切，都将是幸福的女孩。女儿，请不要相信漫天飞舞的美容广告，你要知道，有很多女孩在整容之后，反而失去了从前的自然之美，甚至还可能会失去自己的生命。所以，爸爸希望你不要随便被那些"让你变得更加美丽"的广告所欺骗，以免造成悔恨终身的遗憾。

4.不要随便将银行密码告诉别人

在2017年夏天的时候，有个诈骗团伙以发放贫困学生助学金、购房补贴为名，以高考学生为主要诈骗对象，拨打诈骗电话，骗取他人钱款。一个即将上大学的女孩，在自己的学费被犯罪分子骗光后，一时心急昏倒，结果再也没能醒过来。女儿，以后无论任何人以任何理由让你输入你的银行密码，都坚决地予以拒绝，好吗？

5.不要相信别人给你许诺的"演员梦"

女儿，如果有一天，你走在大街上，有人走过来，夸奖你："小姑娘，你长得真漂亮，想不想当演员啊？如果愿意的话，来我们公司吧。"女儿，如果你遇到这样的情形，一定要保持理性，千万不要被对方的一时夸奖迷惑了心智。一个来自东北的女孩张某，在微信上收到一个自称编导的男人的信息，说让她前去试镜。试镜时，女孩被要求上交手机，结果被骗了。所以，女儿，不要相信所谓的"演员梦"的许诺，否则在前面等着你的，一定是骗色骗钱的陷阱。

6.不要被骗吸毒

14岁的女孩肖丽，长相俊美，靠当平面模特就月收入七八千元；可是，她又是一个叛逆少女，腿上和身上有着大片的文身；让人痛心的是，她更是一个"毒女"，13岁开始吸毒，毒瘾大到每天都要吸食。为什么她会这样呢？原来，肖丽有次挨父母耳光后离家出走，有个朋友趁机拿出解忧"神药"安慰她，从此她便陷入吸毒泥潭无法自拔。

女儿，切记，毒品猛如虎，一旦有了毒瘾，等待你的将是暗无天日的未来。所以，任何的痛苦，都不可以通过吸毒来宽慰，无论身边的朋友如何怂恿你，你也不能上当受骗。

7.不要随便进陌生人的家门

女儿，爸爸曾经告诉过你，面对陌生人，一定要保持戒备心理，尤其是当对方提出来让你去他家里帮忙的时候，一定要坚决地予以拒绝。有个在美国上学的中国留学生，有一天夜里跑回家，碰到一对陌生男女向她求助，结果她刚进入对方家里，就被控制起来，后来女孩遭受到了严重的性侵和殴打，最终失去了年轻的生命。所以，女儿，爸爸想要告诉你的是，面对陌生人的求助，你一定要保持理性，坚决不能进入对方的家里。

8.兼职挣钱时一定要保持警惕

女儿，有一天你长大了，提出想通过自己的努力找一份兼职，为自己挣

一份零花钱。你能这样想，爸爸会很开心的。但是女儿，爸爸想要告诉你的是，天上没有掉馅饼的好事情，如果有份工作给了你这样的许诺："在家兼职，动动手指，月入上万。"那么，女儿，你就应该果断放弃这份天上掉下来的"馅饼"了，否则，到头来，不仅挣不到钱，还可能被骗不少钱。

9.不要为了金钱出卖自己的身体

女儿，大多女孩们或许希望过上那种"衣来伸手饭来张口"的好日子，但过上这种好日子的前提是，你必须通过自己的勤奋工作来换取，绝不可以轻易听从别人的诱惑，为了金钱出卖自己最为宝贵的身体。现实生活中，有些女孩就因为听从了身边损友的建议，沉迷于灯红酒绿的浮华生活，从而不惜出卖自己的身体来换取金钱的回报。所以，女儿，爸爸希望你的每一分钱都是堂堂正正地通过自己的努力挣来的，明白了吗？

10.不要随便相信网恋

有人通过网恋收获了甜蜜的爱情，但更多的人，因为网恋遭受了惨痛的伤害。作为女孩，还是不要轻易相信所谓的网恋，毕竟网上的恋情不同于现实，对方是个什么样的人，你根本就不了解。有的女孩因为网恋所谓的"情歌少年"，结果见面后却遭到了大叔的性侵、囚禁。所以，女儿，与网恋相比，爸爸更希望你在现实中谈一场比较靠谱的恋爱。

总而言之，女儿，爸爸希望你警惕以上生活中比较常见的十大危险骗局，擦亮你的眼睛，好好保护自己，好吗？

第二章

保护好自己，
校园生活才能更美好

女儿，校园是你学习的主要场所，也是一个小小的社会。在这个小社会里，充满知识、友谊、快乐和阳光，当然也会有一些不和谐音符，甚至有一些潜在的危险。爸爸希望你能够增强自我保护意识，学会一些保护自己的方法，这样才能够安然享受舒心的校园生活。

穿着不暴露，打扮不"女人化"

女儿，爱美是女孩的天性，但是打扮得过于花枝招展是会给自己带来麻烦的，看看下面的例子吧，你会明白爸爸的话。

2016年7月25日晚10时许，女学生小赵身着吊带背心和短裙从自习室出来向宿舍走去。这时校园里已经看不到人影了，四周一片寂静，小赵走在路上，隐隐觉得后面有个人在跟着她。小赵心里有些害怕，不由得加快了脚步，谁知那个人也加快了脚步，而且离小赵越来越近了。

正好在这时，有保安的巡逻车经过，小赵一边大喊着"救命啊，有人跟着我"，一边飞快地向巡逻车奔去。两个保安听到小赵的喊声，连忙跑过来接应她。后面那个人吓得拔腿就跑，但是没跑多远就被保安给抓住了。保安仔细一看，被抓的是个30岁左右的中年男子，他头戴安全帽，穿着工作服，原来是学校里搞建筑的工人。

保安将这名男子扭送到学校附近的派出所，小赵也一同前往报案。在派出所民警的讯问下，那名男子说道："是她穿得太暴露，我实在控制不住自己才跟着她的！"

炎炎夏日，小赵不过想打扮得"清凉"一些，"女人"一些，谁知却给自己招来了祸端，可见女孩子在穿衣打扮上不能太随意！

女儿，小赵的遭遇多么让人心惊，如果不是保安恰巧经过，恐怕后果不堪设想！所以，女孩在穿着打扮时一定要注意，不要穿着暴露的衣服，也不要打扮得过于"女人化"，这些不合适的装扮很可能会招来居心叵测的坏人，把你置于危险之中。退一万步讲，即便这些装扮没有引来危险，也会给你和老师、同学的交往带来许多尴尬和不便，我们来看看瑶瑶的例子吧。

初一下学期的最后一天，瑶瑶回学校去取成绩单，她穿上新买的白色背心短裙，蹬上半高跟凉鞋，又喷了一点儿妈妈的香水，美美地上学去了。到了班里，瑶瑶觉得有些不对劲，同学们都用怪异的眼光望着她，还有人在偷偷笑她。瑶瑶心里很纳闷：以前同学们不是这样的呀！正在这时，语文老师黄老师叫瑶瑶去办公室，瑶瑶是语文课代表，她很快地来到了黄老师的办公室。

黄老师看到了瑶瑶的打扮，不禁皱了皱眉头，然后笑着对瑶瑶说："瑶瑶，你今天打扮得有点儿奇怪呀！"瑶瑶听老师这么说，脸唰地一下红了，她吞吞吐吐地说："黄老师，我，我是不是穿得有点儿少？"黄老师点了点头，诚恳地说道："瑶瑶，老师不想批评你，但是女孩子穿得太少真的不好，会让老师和同学们觉得不舒服，走在外面也很不安全，再说你还是中学生，穿高跟鞋和喷香水也不太合适呀！"瑶瑶红着脸对老师说："老师，我记住了，以后我一定注意！"

女儿，衣着打扮体现了一个人的精神面貌，也是你留给别人的最初印象，如果你打扮得大方、得体、适度，那么你会在老师、同学心目中留下好印象，在以后的校园生活中自然也会受到欢迎；相反，如果你穿着奇装异服、化着妆、染着头发、喷着香水，那么老师和同学们说不定就会认为你是个轻浮的"坏女孩"，从而渐渐疏远你。就像事例中的瑶瑶，如果她没有意识到自己的问题，依旧这样打扮下去，那么她在学校里的口碑和人际关系恐怕都要大受影响了！

女儿，女孩子打扮得大方、得体、适度会给别人留下好的印象，也能使自己尽量避免危险，那么怎么才能做到大方、得体、适度呢？

1.穿衣打扮要简朴

女儿，你平时穿着打扮要简朴，不要追求名牌，这些名牌衣服既不符合你的身份，也不适合你的年龄，还是应该以穿校服和运动服为主，因为校服和运动服既舒适，又能体现学生的个性和朝气，是最适合你的。

2.不要穿奇怪、暴露的衣服

女儿，随着你渐渐长大，校服和运动服可能对于你来说有些单调，你会希望自己的衣橱里更加丰富多彩一些，但是，在选择服装的时候一定要避免奇装异服和那些比较暴露的衣服。特别是在夏天，诸如吊带背心、超短裙、热裤、透明T恤等，那些薄、露、透的衣服，还是不要穿在身上吧。

3.远离"女人化"的打扮

女儿，现在很多女孩追求时髦，喜欢染发、烫发、化妆、戴首饰、穿高跟鞋等，她们认为这样打扮很漂亮，很有"女人味"。但是，古诗有云：清水出芙蓉，天然去雕饰，其实女孩子打扮得清新自然才是最好的，尤其是作为学生，更应该以简单大方为主，务必远离这些"女人化"的打扮。

女儿，穿衣打扮是一个人内在美的外在表现，做一个清清爽爽的女孩，你就是最美的！

攀比、炫耀的虚荣心理有时会带来祸端

女儿，法国哲学家柏格森说过："虚荣心很难说是一种罪行，然而一切恶行都是围绕虚荣心而生，都不过是满足虚荣心的手段。"让我们一起看看

下面的案例吧，它就是虚荣心导致的结果。

2016年3月2日的上午，家住福州某居民区的肖先生与妻子李女士来到当地派出所报案，说放在家中抽屉里的4万元现金被盗。民警现场调查发现，肖先生家的门窗没有被撬的痕迹，推测是熟人作案。民警见肖先生的女儿小婧神色慌张，便上前询问。在民警的询问下，小婧承认，钱是她拿走的。

小婧今年16岁，正在读初中二年级。小婧说，班上有同学经常"炫富"，她很嫉妒，可父母每天只给她10元零花钱。为了能在同学面前更有面子，几天前，她趁父母不注意，从抽屉里悄悄拿走了4万元现金。这几天，小婧用这些钱购买了名牌衣服、鞋子和化妆品。小婧还将自己收获的"战利品"全部拍成照片上传到了朋友圈，看着同学们点的赞，小婧心里得意极了。短短几天，4万元现金就被小婧挥霍得只剩下1000多元了。

最终，小婧因情节较轻，认罪态度较好，被免于刑事起诉。但是，对于自己的行为，小婧真是后悔莫及！

小婧的行为是多么危险啊，她已经站在了犯罪的边缘，这都是虚荣心造成的！

女儿，现在社会上有一种不良风气，许多女孩喜欢在社交网络上晒名牌炫富，在这种不良风气的影响下，学校里也出现了不少攀比、炫耀的现象，比如说，比谁的穿着时髦、比谁的家里有钱、比谁的父母权力大等，从根本上来说，这些都是虚荣心理在作祟。虚荣心理是一种过于追求自身价值、自我满足的病态心理，它会对青少年产生十分不利的影响。

女儿，虚荣心强烈的孩子容易产生嫉妒、怀疑、自卑等消极情绪，长期沉浸在这种情绪中会严重损害自己的身心健康，阻碍自己的成才发展。如果虚荣心理没有得到控制和疏导，任由其发展到极端程度，还可能会诱发犯罪。在日常生活中，由虚荣心理作怪而引发的青少年犯罪现象屡见不鲜，有的孩子为了博得同学们的赞赏和羡慕，没有钱而硬要充"大款"，进行偷窃或是诈骗，最终走上犯罪的道路，发生在小婧身上的事情不就是一个鲜明的例子吗？

女儿，虚荣心理不仅容易诱发自己犯罪，也容易使自己被"贼惦记"，成为别人犯罪的目标。

2015年11月6日中午，南宁某中学初三女生小孙放学后去附近吃饭和购物，她把耳机插在苹果手机上一边听音乐一边行走，这时，有两名社会少年盯上了她。这两名少年持水果刀将小孙逼到无人处，逼其交出苹果手机和身上的钱财。幸好有几个路过的小伙子见义勇为打跑了那两个社会少年，这才救了小孙。事后，小孙后悔不已，她对警察说："以前爸爸提醒过我不要带苹果手机去上学，担心会被坏人盯上，不安全，但是我想拿手机去班里显摆显摆，让自己更有面子，根本没听爸爸的话，现在想想真是太后悔了！"

女儿，看到了吧，虚荣心理不仅会阻碍你的健康成长，还有可能给你带来祸端，所以还是克服这种不良心理，远离攀比、炫耀的坏习气吧！

女儿，要想克服虚荣心理，你可以试试以下这些办法：

1.要正确认识自己

女儿，爸爸希望你能够正确地认识自己，包括正确认识自己的身形外貌，正确认识自己的性格特点，正确认识自己的家庭条件等，既不要过高地估计自己，也不要过分自卑。要知道，人没有绝对的优点和缺点，优点和缺点都是相对的，只要你客观、正确地认识自己，就容易获得心理上的平衡，避免虚荣心理的产生。

2.要正确对待自尊心

女儿，美国心理学家马斯洛说："人有自尊的需要。"适度的自尊心会使人自信和自爱，但是太强的自尊心却容易扭曲而成为虚荣心。所以，女儿，你在平常的校园生活中既要维护自己的自尊心，又不能太爱面子，对于成绩、荣誉以及家庭条件的差异，不要看得太重。要记得，人的自尊应该通过自己的勤奋努力获得，而不能靠夸张、炫富、弄虚作假等不当方式获得。

3.要正确面对别人的议论

女儿，有的孩子非常在意别人对自己的议论，怕被别人瞧不起，于是不考虑自己的能力和条件去"逞能"，甚至"打肿脸充胖子"。其实，别人的议论有正确与错误之分，也有善意与恶意之分，面对别人的议论，你要认真分析，遇事要有自己的主见，"择其善者而从之，其不善者而改之"就可以了。

女儿，虚荣心理是人生成长的绊脚石，更是心灵的蛀虫，爸爸希望你能够树立正确的人生观，摆脱虚荣的阴影，健康快乐地成长。

不要轻易向别人借钱，也不要随便借钱给别人

女儿，在学校的时候你有没有向别人借过钱，或者是别人有没有向你借过钱？你可能认为同学之间相互借钱是一件小事，但是看了下面的事例，你就不会这么想了。

2016年5月15日的早上，陕西省榆林市某派出所接到了李先生和妻子胡女士的报案，他们的女儿小娟离家出走了。

12岁的小娟是榆林市某小学六年级的学生，2016年春节过后，她开始迷上了网络游戏，不仅经常偷偷上网打游戏，还学别人花钱"刷金币、买装备"。随着购买的"装备"越来越多，小娟的那点儿零花钱早就不够用了，

于是她决定向同学和朋友"借点儿钱用用"。

有了这个想法后，小娟先后向班里的五六名同学借了钱，借钱的时候说好了"一个月就还"，可是还钱的时间到了，小娟根本拿不出钱来还账。借钱的同学很生气，对小娟说"如果不还钱，就把这件事告诉班主任老师和你的父母"。小娟害怕老师和父母知道这件事，无奈之下只好选择离家出走。

最终，在民警的帮助下，李先生和胡女士找到了正在火车站附近流浪的小娟。小娟见到爸爸妈妈，哭着说道："爸爸妈妈，我以后再也不随便向别人借钱了！"

小娟因为借钱还不起而导致了离家出走，所以说在借钱的问题上还是谨慎一些吧，不要因为借钱给自己和别人带来损失。

女儿，看了小娟的案例，你不会再认为借钱是一件小事了吧！事实上，对于你们这些青少年来说，无论是向别人借钱，还是借钱给别人都是不太合适的，很可能会给自己和别人带来麻烦。因此，爸爸要给你一个忠告：不要轻易向别人借钱，也不要随便借钱给别人。

女儿，我们先来谈谈向别人借钱的问题。因为你们的经济来源主要是父母，所以当你向朋友和同学借钱时，很可能会让他们为难，即便他们借给了你，也可能会有些不情愿，在心里充满了疑虑，如此一来你们的友情便会蒙上阴影。如果你能够按时还钱，那么友情自然还能延续下去；如果像小娟那样借钱不还，同学和朋友就会埋怨你、看轻你，甚至向老师和家长"告你的状"，到时候"友谊的小船"就要翻了。

还有一种更严重的情况，如果你跟校外的社会人员借钱，他们可能会借机恐吓你、勒索你，你的人身安全会因此受到威胁。

所以，女儿，还是不要轻易向别人借钱了吧，这不仅会损害你的自尊心，影响同学、朋友关系，还可能会给你带来意想不到的危险。你可能会说："爸爸，我可以不向别人借钱，但是，如果别人跟我借钱，我也不好意思拒绝呀！"

女儿，爸爸常常教导你助人为乐，但是助人为乐在借钱的问题上要慎用。因为你们都是学生，经济能力十分有限，对方借了钱之后能否按时如数归还是一个值得怀疑的问题。而且，你不知道别人借钱的真实原因和动机，你把钱借给他很可能不是帮他，而是害他，比如说，他可能用借的钱去打游戏、赌博、抽烟、喝酒等。

还有一种极端的情况，你可能会落入别人设计好的圈套，比如有的人会以借钱的名义而行骗。所以，当别人向你借钱的时候，你一定要前思后想考虑清楚，不要随便借钱给别人，而是要学会拒绝别人。

女儿，在现实生活中，你可能难免向别人借钱或是被别人借钱，面对这些情况，如何处理比较好呢？

1.避免因不良嗜好借钱

女儿，作为学生，你们需要真正花钱的事项并不多，现在一些孩子之所以"手头紧张"向别人借钱，主要是由于不良习惯导致的，比如沉迷于网络游戏、摆阔气等，在这种情况下借钱就等于把钱扔进了"无底洞"，结果往往是"还不上钱"。所以说，只要远离不良嗜好，你向别人借钱的概率自然就会小很多。

2.借了钱要及时归还

女儿，在一般情况下，你尽量不要向别人借钱，但是某些特殊情况下，你可能还是免不了要向别人借钱。一旦你向别人借了钱，务必要按照约定时间及时归还，千万不要拖延。特别要注意的是，最好不要向校外社会人员借钱，他们之中可能会有一些人不怀好意，用借钱来引你上当。

3.要学会拒绝别人

女儿，当别人向你借钱的时候，绝大多数情况下你还是委婉地拒绝吧，尤其是对于那些你不熟悉的人，或者是借钱数额比较大的，你最好在第一时间拒绝，不要犹豫，也不要一时心软。当然，拒绝别人借钱也不是绝对的，对于一些特殊情况你还是要灵活处理，如果你觉得左右为难处理不好时，不妨与爸爸妈妈商量一下，听听我们的意见。

女儿，有这样一句谚语：维持友谊的最好办法就是不要相互借钱。可以说，借钱在人际关系中是最为敏感的事情之一，对于你们这些涉世未深的孩子来说尤其如此。所以，女儿，不要轻易向别人借钱，也不要随便借钱给别人，这样你的人际关系会更加简单和平顺。

与男老师、男校长单独相处也要当心

女儿，爸爸知道老师和校长在你的心目中是高大而神圣的，特别是一些优秀的男老师、男校长还会得到女学生的崇拜，但是不要忘了，他们对于你来说是异性，在与他们相处时一定要小心谨慎啊。看看下面的例子吧，也许你能从中得到一些启示。

萍萍是甘肃省某小学的学生，自2013年9月升入五年级以来，萍萍一直说肚子疼、腿痛，开始的时候萍萍父母没有在意，但是后来发现孩子的饭量小了很多，精神日益恍惚，成绩也直线下降，他们觉得很不对劲，连忙问萍萍在学校里发生了什么事，萍萍这才说了实情。

原来，升入五年级以后，萍萍的班上换了一个姓刘的男班主任。刘某对萍萍特别"关心"，多次以检查作业、背词语、修改试卷为名把她叫到办公室"单独辅导"，并强迫萍萍与他发生性关系，前后持续了半年之久。

萍萍的父母知道了这件事，简直肺都要气炸了，他们第一时间赶到当地的公安机关报了案。

公安机关经过侦查审讯，发现受害者远不止萍萍一个，涉案受害的学生多达8名，其中5名女学生被强奸，3名女学生遭到猥亵。

最终，法院以强奸罪、猥亵儿童罪，数罪并罚，判处刘某死刑，缓期2年执行。

原本受人尊敬的老师，却变成了人面兽心的恶魔，萍萍等人的遭遇为女孩们敲响了警钟：与男老师相处一定要多个心眼，千万不要掉以轻心！

女儿，听到萍萍的遭遇后，你是不是对男老师、男校长有了另一番认识？你心里可能会想：原来男老师、男校长这样坏！事实上，绝大多数男老师都是为人师表的好老师，绝大多数男校长都是尽职尽责的好校长，你不要以偏概全，对他们都产生恐惧心理，但是他们之中的确隐藏着像刘某这样的败类。这些败类的罪行会给女孩子带来终生挥之不去的阴影，有可能让女孩子产生抑郁、人际交往障碍等心理疾病，甚至因此而选择轻生。

女儿，爸爸常常教你防备陌生人，但是对于男老师、男校长这样的熟人和权威人士，你的防范意识还很欠缺。近些年来，校园性侵事件频频发生，大多数施暴者都是男老师、男校长这样特殊的"熟人"，他们以"私下谈话""单独辅导"等手段，将女学生骗到办公室后实施侵害，女学生都以为"私下谈话""单独辅导"意味着器重，却不料这其实是个陷阱。女儿，想想看，萍萍的遭遇不就是一个明显的例子吗？

女儿，正所谓"人心隔肚皮"，有的男老师、男校长表面看起来冠冕堂皇，但是他们的内心却可能是龌龊、肮脏的。所以，女儿，在与男老师、男校长单独相处时一定要提高自我保护意识，千万要当心！

女儿，谈到这里，你也许会问："爸爸，我们学校的校长就是男的，而且班上还有好几位男老师，我应该怎么跟他们相处呢？面对这个问题，爸爸可以给你提供一些小技巧、小办法。

1.衣着言行要得体

女儿，作为女孩子，平时衣着打扮要得体，尤其夏季更要注意，在男老师、男校长面前不要穿奇装异服或是过于暴露。向他们请教问题或是谈天时，要掌握好分寸，保持一定的距离，做到言行恰当，既不随便开玩笑，也不同他们有亲密动作。女儿，"自重者人恒重之"，只有自尊自爱才会让那些不怀好意的人望而生畏。

2.避免与男老师、男校长单独相处

女儿，你在学校里学习、生活，难免要向老师请教各种问题，如果你班上恰有男老师，你自然也免不了和他接触。当然，你跟男校长接触的概率要小得多，但是也不排除接触的可能性。那么，当你有问题需要向男老师、男校长请教时，应该避免与他们单独相处，你不要单独去他们的办公室，最好与其他同学结伴而行，这样才能为自己创造安全的环境。

3.与男老师、男校长单独相处要保持警惕

女儿，当你无法避免与男老师、男校长单独相处时，比如他们点名让你去办公室，那么你就要提高警惕了。到了办公室的门口，你应该先朝里面张望一下，看看里面有没有其他老师，如果有其他老师你再进去，如若不然，你就站在门口同男老师交谈。

女儿，如果你一时大意，直接进入了他们的办公室，要及时将门敞开，然后站在离他比较远的位置。一旦他对你有肢体接触、身体摩擦、语言挑逗等行为，你要坚决说"不"并迅速离开现场，并向学校领导和家长报告。

女儿，注意，遇到这种情况千万不要隐忍，第一时间就要告发他，记住你的隐忍就是对他的纵容，更容易让坏人得逞！

女儿，我们对老师要怀有尊敬、感恩之心，但是，在尊敬老师的同时也要注意保护好自己，希望爸爸的建议能够给你一些指导和帮助！

不在男女同学或男女朋友家留宿

女儿，前几天你说要去好朋友家里住，爸爸没有同意，当时你很生爸爸的气，看过下面的事例后，我想你一定会理解爸爸的！

2016年6月的一天，8岁的樱樱到同学小华家里玩耍，玩着玩着忘记了时间，一看天都黑了，樱樱就在小华家里住了下来。恰巧小华的哥哥小鹏也在家中，小鹏今年17岁，初中毕业后就不再读书了，他整天游手好闲，与社会上的小流氓混在一起。

小鹏见樱樱天真可爱，不觉起了歹心，他以"玩游戏"为名，将樱樱骗到了卧室里。小鹏让樱樱脱掉裤子躺在床上，自己也脱掉了衣服。之后，便对樱樱进行了性侵。

回家后，樱樱不断地向妈妈表示下身疼痛，妈妈发现她下身红肿，触痛明显。樱樱的爸爸妈妈连忙追问樱樱，樱樱这才将小鹏的行为告知了父母。樱樱的父母气愤极了，连夜就报了警。

在警察的讯问下，小鹏对自己的犯罪事实供认不讳，等待他的将是法律的制裁。但是对于樱樱来说，她所受到的伤害可能一生都难以抚平！

樱樱真是太可怜了！她本来是一时兴起在朋友家留宿，谁知竟是这样噩梦般的结果。女儿，看了在樱樱身上发生的事情，你是不是觉得很震惊、很难过？作为父亲，我怎能不小心谨慎，这就是爸爸不同意你在朋友家留宿的原因。

女儿，对于你来说，在朋友或是同学家留宿或许是一件稀松平常的小事，你可能会说："我不过是在某某家里住一宿，有什么大不了的！"但是，在外留宿真的不是一件小事！

女儿，从你的眼中望去，周围都是好人，无论是男同学、男性朋友，还是女同学、女性朋友的男性家人，他们对你来说都是亲切友好的。但是，不能保证他们每个人都和看上去一样好，正所谓"知人知面不知心"，现实生活中有少数人戴着一层虚伪的面纱，所以你必须要提高防范意识，防患于未然。看看樱樱的遭遇吧，恐怕她做梦也想不到一个和蔼可亲的大哥哥会对她做出如此禽兽之举！

女儿，现实是残酷的，像小鹏这样的人在社会上是真实存在的，他们的心里住着"魔鬼"，专门将罪恶的魔爪伸向天真无邪的女孩。所以，在外留宿不仅不是一件小事，反而很可能成为危险的"大事"！

女儿，在女性朋友家留宿可能会让你处在危险的边缘，而在男性朋友家留宿则可能将你拖入危险的深渊。你们都处在青春冲动的年纪，共处一室很容易做出不理智的行为。况且有些男性心理阴暗、图谋不轨，去他们家里住，无异于将自己放到了砧板上。

所以，女儿，你一定要有防人之心，无论是女同学、女性朋友还是男同学、男性朋友，你都不要在他们的家中留宿！

女儿，不能在朋友家留宿并不代表不能去朋友家做客，面对朋友的邀请，你怎么才能既玩得开心又远离危险呢？下面就听听爸爸的建议吧。

1.慎重去男性朋友家做客

女儿，面对男性朋友的单独邀请，你尽量不要答应。因为，有些情况下你可能把他当"哥们儿"，他却未必真把你当"哥们儿"，你去他家里做客，对他来说可能是一种暗示，会让他胡思乱想，做出不当之举。所以，对于男生的单独邀请，你能拒绝还是拒绝吧。

2.如果非去不可，去朋友家之前，也要先了解朋友家里的情况

女儿，你最好不要单独去男性朋友家做客，而且对于女性朋友的邀请也不要一口答应，应该先问一问她家里的情况，比如说她家里有哪些人，她家距离我们家路程的远近，有没有顺路的公交车等。了解清楚这些情况后，你再盘算盘算是否要去她家做客。

3.去朋友家之前，要先和爸爸妈妈商量

女儿，得到朋友的邀请后，你一定要和爸爸妈妈商量商量。如果爸爸妈妈同意你去，你就要约定好回来的时间，务必在天黑之前赶回来，同时要将朋友家的地址和联系电话告诉我们，让我们好做准备；如果爸爸妈妈不同意，你就不要去了，我们的阅历比你丰富，判断力也比你强，这么做肯定是为你好。

4.去朋友家做客时，要按照约定时间回家

女儿，去朋友家做客时，你应该先跟她说好回来的时间，这样你们两个人的心里都会有时间概念。看到时间差不多了，你就要主动告辞回家，不要因为朋友的挽留，而继续玩下去，务必在约定的时间赶回家。一旦你不注意玩过了时间，朋友可能就会留你住下，"天都黑了，今晚你就在我家住吧"，这种情况下，你不要糊涂，一定要委婉地拒绝，然后给爸爸打电话，让爸爸来接你。

远离那些"不三不四"的朋友

女儿，我们每个人都离不开朋友，没有朋友的人生是孤独的，但是，结交朋友要慎重，免得交友不慎，反受其害。下面发生的事情就是一个鲜明的例子。

2014年11月20日，云南省某县公安局接到了赵女士和女儿小璐的报案。据赵女士说，自己的女儿头天晚上被人骗到KTV陪酒，差点儿被带出去强迫

卖淫。

小璐向警察说出了事情的原委。几个月前，在朋友的介绍下，她认识了21岁的社会女青年徐某。头天晚上，徐某约她和同校的五六名同学去县城的一家KTV唱歌，在唱歌的过程中，徐某要求她们去另一间包间。进入包房后，里面坐了大约20名陌生男子，徐某随后要求小璐她们陪这些人喝酒，虽然不情愿，但迫于对徐某的惧怕，女学生们也都举杯喝了。

在包房内没多久，小璐就感觉到了危险，她偷偷打电话向家人求救，很快家人赶到现场将她解救出来，使其免于受到侵害。

接到报案后，公安机关迅速展开侦查，侦查发现徐某曾多次诱骗、胁迫中学初二、初三的女学生出来卖淫。她事先收买几个学生，利用她们把其他学生约出来，去歌厅唱歌，然后在女孩的酒里下迷药，让男子对其进行迷奸，凡是不服从的女孩，都会受到暴力惩罚。

徐某的犯罪事实确凿，性质极其恶劣，当地公安局当晚对她实施了抓捕，等待她的必将是法律的严惩。

小璐的遭遇是多么令人后怕！它给女孩们提供了一个深刻的教训：结交朋友一定要谨慎！

女儿，小璐身上发生的事，真是让人捏了一把冷汗！如果不是小璐警觉性高，悄悄给家人打了电话，恐怕后果不堪设想！小璐是"幸运"的，她的机警救了自己，而案例中的其他女孩是否像小璐这样"幸运"，逃脱了坏人的魔掌呢？想想就让人不寒而栗！这些本该无忧无虑、快乐生活的女孩，之所以遭遇这样的事情，就是因为交往了徐某这样一个坏朋友。

女儿，你们这一代青少年多数是独生子女，与同龄人交往的机会较少，对友谊的渴望尤为迫切，你们喜欢朋友围绕的感觉，希望自己的心事能向好朋友倾诉。但是，你们涉世不深，鉴别朋友的能力是比较差的，稍微不慎，就可能像小璐她们那样交到不良的朋友。

女儿，古语有云："近朱者赤，近墨者黑。"好的朋友能给你带来温暖和帮助，不良的朋友却会将你带入危险之中。所以，女儿，结交朋友的时候一定要多加小心，对于那些身上有劣迹、品行不佳的同学和校外社会人员，务必要远离，千万不要和"不三不四"的人交朋友！

女儿，友情是人类情感中瑰丽的花朵，爸爸鼓励你交朋友，也希望你交到知心的好朋友。但是，在选择朋友的问题上，爸爸还是想给你一些忠告和建议。

1.交友重质不重量

女儿，其实朋友不是越多越好，人际交往也不是越广泛越好。就像巴尔扎克在《高老头》中告诫人们的那样："交不可滥，须知良莠难辨。"那些吃过朋友亏的人，多数是滥交朋友，为数量而放弃质量的人。因此，交朋友应该重质不重量，正所谓"广结客，不如结知己二三人"，只要拥有几个志趣相投、互相帮助、苦乐同享的知心好友就够了，不需要盲目追求朋友的数量。这样既能使你获得友情的快乐，也能使你避免那些坏朋友的纠缠。

2.与品行好的人交朋友

女儿，明朝的一位文人，在谈到交友对象时，曾有这样的论述："交慷慨的，不交鄙吝的人；交谦谨的，不交妄诞的人；交厚实的，不交炎凉的人；交坦白的，不交狡狯的人。"这一论述精辟有理，值得我们好好借鉴。女儿，如果你按照这个标准结交朋友，会发现班级和学校里那些品质优秀、言行有礼的孩子，才是你值得交往的朋友，而那些品质有问题、言行不端的孩子自然不在选择朋友的范围内了。

3.尽量少与社会人员交往

女儿，有些女孩喜欢与社会人员交往，认为他们比同龄人懂得多，更加有趣，也更加慷慨大方。但是，作为学生，与社会人员频繁交往是不太合适的。虽然不能一概而论，说所有的社会人员都是不良青少年，但是他们的生活环境、交往人群、思维方式都与在校学生有很大的不同，同他们在一起，

很可能会做出一些出格的事，比如说去网吧打游戏、去KTV唱歌，去迪厅蹦迪等。所以，女儿，还是尽量少与社会人员交往吧。

女儿，漫漫人生长路，谁都渴望与知心朋友一起走，爸爸希望你用智慧擦亮自己的双眼，交到真正的"琴瑟之友"！

面对同学敲诈勒索怎么办

女儿，你可能觉得敲诈勒索是电视剧里才有的情节，但是实际上，这种事情在校园里并不罕见，跟爸爸一起看看下面的案例吧，希望它能引起你的警惕。

贵州省某初三学生刘某最近在校外交了女朋友，手头很紧张，为了弄钱他盯上了同班女生小敏。小敏家庭富裕，每个月有不少零花钱，平时出手也很阔绰。刘某决定向小敏勒索钱财来"救救急"。

2016年5月的一天，刘某在放学回家的路上拦住了小敏，向她索要100元钱。小敏开始不答应，刘某便威胁她说："不给钱就要挨揍。"小敏很害怕，只好拿出身上的钱给了刘某。刘某一边数钱，一边恐吓小敏："如果敢告诉老师和家长，我就扒光你的衣服！"小敏很害怕，战战兢兢地点了点头。

第一次敲诈勒索得手之后，尝到甜头的刘某就一发不可收拾，经常向小敏索要财物。在半年的时间里，小敏向刘某"进贡"10余次，累计金额6000多元。

小敏经常向家里索要零花钱，而且要的数额越来越大，这引起了父母的警觉。小敏的爸爸查看了她的手机，发现了刘某向其要钱的短信。父母这才得知刘某对小敏进行敲诈勒索的事，连忙带着小敏去公安机关报案。

最终，警察以涉嫌敲诈勒索罪逮捕了刘某，小敏总算脱离了长达半年的担惊受怕！

法律是公正的，它帮助小敏摆脱了刘某的敲诈勒索，但是，如果她早点儿向父母和老师报告，事情可能就不会发展到如此严重的地步了！

女儿，小敏遭遇的事情你虽然没有亲身经历过，但是你大概听说过类似的传闻，比如"某某男生经常向同学要钱"等等。也许你听过就忘记了，根本没当一回事，但许多案例表明，女孩常常会成为勒索者下手的对象。

女儿，勒索者选择女孩作为勒索对象，是因为女孩看起来软弱可欺，只要稍微吓唬吓唬，就会乖乖就范。许多女孩在遇到敲诈勒索时，一下就慌了手脚，勒索者威胁她"不给钱就要挨揍"，女孩就吓得把钱赶紧拿了出来；勒索者又威胁她"如果敢告诉老师和家长，我就扒光你的衣服"，女孩就真的不敢告诉老师和家长。这种情况下，女孩希望用钱买平安、息事宁人，心里想的是：他要钱就给他好了，只要不伤害我就行了！女孩的这种心态和做法对于保证自己的人身安全的确会起到一定的作用，但从大的方面来看却暴露了自己胆小软弱的弱点。

女孩的胆小软弱正是勒索者希望看到的，他们会大肆利用女孩的弱点，变本加厉地勒索钱财。小敏在半年之内被勒索10余次，就是这样的心理造成的。

所以，女儿，当你面对同学的敲诈勒索时，既要保护好自己的安全，又不能过于软弱，让勒索者一而再再而三地得逞。具体应当怎么做，你可以听听爸爸的建议。

1.身上不要带太多钱

女儿，爸爸建议你上学的时候身上不要带太多钱，只带上少量的钱以备不时之需就够了。这样一来，你在学校里就不会那样招摇，也就不会轻易被敲诈勒索的人盯上。当你真的遇到敲诈勒索时，身上少量的钱也会给你带来好处，因为敲诈勒索的人目的是得到钱，而你的身上却没有足够的钱给他，那么以后他就有可能会放弃对你的敲诈。

2.面对敲诈勒索要机智冷静

女儿，面对敲诈勒索时，不要慌张，一定要保持机智和冷静。既不要生硬地拒绝他，也不要一下子就把钱给他，过于生硬的拒绝可能会激怒对方，给自己带来人身伤害，而太过顺从也会让对方感觉你胆小怕事，以后他会继续跟你勒索钱财。

爸爸建议你用一些迂回的办法来帮助自己摆脱困境。比如说，用软话跟对方商量"今天我没带那么多钱，明天我再给你好不好"等等。如果对方态度有所缓和，同意你"延后"交钱，那么你应该迅速离开现场，赶紧将这个情况报告给老师或是父母；如果对方态度强硬，不同意你"延后"交钱，那你也不要僵持着不给钱，毕竟人身安全是第一位的，钱就先让他拿走吧，在给钱的过程中你可以机智地左右观察，寻找机会逃走或是向路过的人求救。

3.要及时告诉老师和家长

女儿，当你遭遇了敲诈勒索时，一定要及时告诉老师和父母，千万不要像小敏那样害怕刘某的报复而忍气吞声。试想，如果小敏第一次被勒索后就告诉了老师和父母，那么就不会有后面的担惊受怕和财产损失了。所以，女儿，你要在父母和老师的帮助下打掉勒索者的嚣张气焰，将敲诈勒索扼杀在萌芽状态，不要任其发展到严重的程度，非得动用法律的武器才能解决。

女儿，遇到敲诈勒索，你不要害怕和恐慌，只要勇敢坚强、机智灵活地去面对就能使自己尽快摆脱阴影，重新获得美好的校园生活。

对任何校园暴力说"NO！"

2012年5月11日对于深圳市某中学初一女生雯雯来说，是一场挥之不去的噩梦！

这天中午，雯雯像往常一样，回家吃完了午饭，骑着自行车去学校上课。快到学校的时候，忽然窜出了十来个人，有男有女，都是十几岁的年纪，其中有几个女孩是雯雯的同班同学。雯雯心里很害怕，双手紧紧抓住自行车。这时，有四五个女孩扑了上来，她们强行掰开雯雯的手，然后把雯雯拽进了学校旁边的巷子里。

这几个女孩扯住雯雯的头发，对她又是打又是踹，嘴里不停地骂着："让你说我们坏话！让你说我们坏话！"一边骂，一边扒雯雯的上衣、内衣，还揪住她的头发往铁门上撞。那几个男孩得意扬扬地在旁边围观，还不停地用手机照相。

这一幕被一个过路的行人看到了，他赶紧喝令这几个女孩停止打人，又拿出手机报了警。这些人看到情况不妙，忙丢下雯雯逃跑了。

雯雯被吓傻了，蹲在地上一动不动。那名好心的行人连忙将上衣递给雯雯穿上，又把她扶了起来，只见她手上、后背都流血了，裤子也被扒下来一截。

事后，雯雯的心理受到了严重伤害，她回到家后不吃不喝，不敢出门，也不敢去上学，家人24小时守在她身边，怕她想不开。雯雯的爸爸妈妈没有办法，只好带她去医院求助心理医生。

发生在雯雯身上的事是多么令人痛心疾首！这桩悲剧不仅给雯雯的身心造成了难以弥合的伤害，也给深爱她的爸爸妈妈带来了巨大的痛苦。

女儿，事实上，雯雯的遭遇并非个别现象，近几年女生校园暴力事件频频发生，许多女孩都或多或少受到过校园暴力的侵害，而受害者往往就是像雯雯这样"温顺老实、好欺负"的女孩。这种暴力行为一旦发生，不仅会给受害女孩的身体带来创伤，更会给她的心理造成难以治愈的伤痛，在伤痛的重压下，有的女孩甚至会难以承受而产生轻生的念头。

因此，女儿，一定要在心里敲响警钟，不论面对任何形式的校园暴力，都要坚决地说"NO"。

其实，校园暴力的发生是有征兆的，比如，几个女生联合起来欺负一个女生，排挤她、嘲笑她、对她做过分的恶作剧，这些都可能演变为校园暴力。再比如，一个女生与品行不端的几个女生发生了矛盾，遭到了她们的威胁、恐吓，就更容易演变为严重的校园暴力事件。当这些危险信号出现时，女儿，务必要警觉起来，尽可能保护自己，避免校园暴力的发生。

面对这些情况，一定不能认为"自己做错了，得罪了对方""受点儿委屈，让对方消消气"或是"害怕对方报复"而一味地忍让、息事宁人。要知道，忍气吞声根本不会令对方"消气"而停止伤害，反而会让对方变本加厉、肆无忌惮。女儿你一定要谨记，在嗅到危险时，不能软弱退让，而要坚强勇敢地面对，及时告诉老师和父母，让我们了解事情的严重性，从而将校园暴力扼杀在萌芽状态。

女儿，虽然像你这样的女孩都想远离校园暴力，但是有许多校园暴力事件还是不可避免地发生了。当校园暴力真的发生在自己身上时，你应该如何应对，又该如何保护自己呢？

1.保持理智和冷静，不要惊慌

当校园暴力发生时，女儿，你一定要保持理智和冷静，不要惊慌。可以试着用机警的话语帮自己摆脱困境，比如说"我爸爸马上就来接我了"等等。如果这些话语没有用，一定不要意气用事进行盲目挣扎和反抗，可以假意顺从，然后采取迂回的方法，拖延时间，伺机逃脱或是向路过的人求救。

在遭受校园暴力的过程中，要尽量保护好自己的隐私部位和重要部位，减少自己身体受到的伤害。

2.校园暴力发生后，不要以暴制暴

女儿，当校园暴力发生后，既不要"以暴制暴"，纠集同学同施暴者打架，也不能独自默默承受痛苦，而是应该第一时间向老师和父母求助，要知道，你们只是年幼的学生，这种情况已经超过你们的承受范围，交由老师和家长处理才是正确的选择。

3.用正确的方式处理受到的心理伤害

女儿，万一校园暴力发生在你身上时，你的心灵会受到巨大的伤害，你会感到羞耻、无助和痛苦。对此，一定要做好心理建设，不能钻牛角尖，走死胡同。可以试试向我和你妈妈、老师和朋友倾诉，也可以在我们的陪同下去看心理医生，接受专业的心理疏导。在适当的条件下可以换班级或是转学，离开伤心之地。当然，这类事情一般不会发生在我聪明的女儿身上，你说呢？

爸爸这里还要说的是，研究表明，那些喜欢独处、朋友不多的女孩更容易受到校园暴力的欺凌。所以，远离校园暴力的最好办法就是结交一些好朋友，当你的身边有好朋友围绕的时候，校园暴力自然就缺少可乘之机了。

女儿，让我们树立坚强的内心，结交良好的朋友，用自己的努力，驱走校园暴力的阴霾，为自己撑起一片蔚蓝的天空！

第三章

社会比你想的要复杂，
千万不要迷失自己

　　女儿，校园生活相对而言是单纯而美好的，然而社会就不同了，它比校园要复杂得多，各种诱惑也很多。可是，你总不能天天埋头于校园里读书，而不接触社会呀。那么，面对社会生活，有哪些问题需要注意呢？抽烟、喝酒、赌博这些恶习你一定要远离，不要乘坐黑车、黑摩的，远离酒吧、娱乐场所等"是非之地"，当心各种骗局……

任何情况下都不要吸烟、喝酒

有些女孩认为，吸烟、喝酒并不是男生的特权，我们女生也有自己的心事和压力，既然男生可以靠烟酒减压，那么女生为什么不可以呢？当然，也有一些女孩是因为好奇或者是受到身边朋友的影响，才学会了吸烟、喝酒。但无论是哪种情况，目前社会上吸烟、喝酒的女孩是越来越多了。

女儿，爸爸想对你说的是，在任何情况下，都不要吸烟、喝酒。我们先来看看下面这个案例。

小玉今年16岁，身材高挑，长得很漂亮，是一名高一学生。好不容易盼到了期末考试结束，小玉就和自己的同学小玲、小婷约好在某酒吧见面，准备庆祝一下。

2015年7月18日晚上8点，三位女生如约来到酒吧。她们在酒吧坐定后，感觉人少气氛不够热闹，于是小玲又喊来另外三个男生，其中一个是同校的高二学生，另两个年龄比较大，已经参加工作了，这三人小玉之前都不认识。

他们6个人围成一桌，边聊天，边抽烟、喝酒。过了一会儿，一个男生提议："光是抽烟、喝酒、聊天没啥意思，咱们还是玩骰子做游戏吧，谁输了要喝一大杯啤酒。"还没等小玉说话，其他人纷纷表示同意，小玉也就没有反对。

到了晚上10点，小玲和小婷两个女生因不胜酒力，就先行打车离开了。可小玉还没有尽兴，直到晚上11点半，小玉已经喝了很多酒，头痛得厉害，不觉间进入醉酒状态，根本无法正常行走。

那两个年龄大的男生就向另外一个男生提出，由他们送小玉回宾馆休息。等进了宾馆房间，二人借着酒劲，并趁小玉意识模糊时，对她实施了侵犯。完事后二人迅速离开了宾馆。

第二天凌晨2点半，小玉酒醒了，发现自己被人侵犯了，她后悔不已。不过，随后她还是选择了立刻报警。警察接到小玉的报警后，很快就锁定并抓住了那两个犯罪嫌疑人。

女儿，不知你注意到没有，案例中的女孩小玉犯了一系列的错误，最终导致自己受到了严重的伤害。我们来简单总结一下：首先，小玉不应该在晚上去酒吧、KTV等娱乐场所，因为这些场所是不适合未成年人的"是非之地"；其次，除了小玉的两个女同学外，其他三个男生她之前并不熟悉，和陌生人在一起，应该注意保护自己；最后，小玉不该吸烟、喝酒，甚至还喝得"不省人事"，这才导致自己在醉酒后被强奸。

其实很多人也都知道，吸烟、喝酒本来就不是什么好习惯，对于正处于青春期的少女来说更是如此。小玉一次看似豪放的喝酒行为，结果给自己带来了噩梦，她的遭遇给我们敲响了警钟。因为发生在小玉身上的事情，也可能会发生在其他女孩身上。但如果小玉遵守"在任何情况下都不要吸烟、喝酒"这条铁律的话，就完全能够避免类似遭遇。

女儿，你可能会有疑虑，"醉酒"后女孩遭到侵害比较好理解，那么"吸烟"也会受到侵害吗？答案是肯定的。社会上就曾经出现过一种"迷烟"，这种迷烟事先被做过手脚，掺入了可以令人昏迷的"迷药"，一旦有人抽了这样的烟，没过多久就会不省人事。可以想象一下，若是这种迷烟被不怀好意之人利用，后果可想而知。

女儿，即便吸的不是这种迷烟而是普通的香烟，对人体的危害也是比较大的，尤其是对你这样正处于青春发育期的女孩来讲更是如此。那么，吸烟的具体危害有哪些呢？

1. 导致月经失调

香烟中含有的尼古丁是一种慢性毒药，能减少性激素的分泌量，导致月经失调、月经初潮推迟、经期紊乱等症状。

2. 可致早衰

经常吸烟的女孩，皮肤的弹性会降低，皱纹多，表现为皮肤干涩、粗糙，甚至面容憔悴、色泽灰暗。同时，牙齿也会变黄，口气不再清新。因此，女孩经常吸烟，容貌显得比实际年龄要老很多。

3. 引起记忆力减退

吸烟时，燃烧的香烟会产生一氧化碳。一氧化碳与人体血液中的血红蛋白结合后，极易造成大脑缺氧，从而出现注意力不集中、头昏头痛、思维迟钝、记忆力减退等症状。

女儿，如果经常喝酒，对青春期女孩来说危害会更多。具体有以下几点。

1. 影响智力

酒内的主要成分是酒精和水。饮入大量的酒精能麻痹人体的中枢神经，降低大脑皮层的思维反应能力，导致注意力、记忆力下降，思维速度变得迟缓，从而造成智力减退。

2. 皮肤大敌

酒精属于刺激性的饮品，如果长期且过量饮酒，就会导致皮肤粗糙，脸上长粉刺，或出现其他皮肤疾病。另外，如果原来就有皮肤疾病，喝酒就会使病情加重，例如白癜风、痤疮等病症。

3. 导致发胖

酒精的热量比较高，经常喝酒容易使脂肪堆积，从而引发肥胖症。

4. 易患肝脏疾病

酒精进入血液循环后，就会带走体内细胞中的水分，由于女孩体内的含水量要低于男孩，在喝了相同数量的酒后，女孩体内及肝脏中的酒精浓度就会更高。因此，女孩饮酒不但比男孩更容易醉，而且更容易患上肝脏疾病。

5. 醉酒的女孩容易被人利用

女孩所遭遇的约会强暴、虐待或盗窃等危害大多都是在女孩醉酒的状态下发生的。

不仅如此，对于经常吸烟、喝酒的女孩来说，还容易患上忧郁症。而且更重要的是，据美国一项研究显示，与男性相比，女性对酒精、尼古丁更容易上瘾。一旦上瘾，再想戒掉可就难上加难了。

因此，女儿，在你的成长过程中要学会克制自己，任何情况下都不要吸烟、喝酒。因为只有你自己，才能为你的健康和安全埋单。

千万别因为好奇而去尝试毒品

女儿，毒品这个名字或许你并不感到陌生，关于它的危害或许你也略有耳闻，爸爸在这里要特别提醒你，千万不要因好奇而尝试毒品，也不要为了寻求刺激而吸毒。因为人一旦吸毒，就会陷入毒品的泥沼中无法自拔。

小悦刚接触毒品时只有16岁，还在上学。那时的小悦喜欢K歌，她经常和几个关系好的同学出入歌厅。一次聚会时，碰巧赶上了朋友的生日，他们订了一个大包间，还找来几个小悦不熟悉的人。

大家边喝酒边K歌，玩儿得很嗨。小悦喝了不少酒，她渐渐感到有点儿头晕。这时有人对她说："妹子，想不想'溜冰'？不但能醒酒，而且还能减肥瘦身。"说着便递给她一个上面带有两根吸管的玻璃瓶子，她并不知道这是吸食冰毒的专用工具——冰壶。因为感到好奇，她犹豫了一下，便接了过去。吸食后，刚开始有些不适，但渐渐感觉整个人变得缥缈起来……

吸毒的感觉原来竟这么神奇，可是让小悦没有想到的是，从此之后她再也离不开毒品了。

就这样，小悦将学业完全丢在了一边，成天与一群社会人员混在一起。每次吸食冰毒后，小悦都不吃不喝，整天待在KTV、会所玩乐，然后又暴饮暴食、连睡多日。有几次，小悦因为吸食了过量的冰毒，结果被送进了医院的急救室。

后来，小悦的毒瘾变得越来越大，身边的"狐朋狗友"们也满足不了她了。为了吸毒，她不得不沦为了一名冰妹（指陪客人吸食毒品并向客人提供色情服务的卖淫女）。直到有一次她在宾馆里陪客人吸毒时，房门被猛然踹开，警察闯入，她被抓进了看守所，后来又被带到戒毒所强制戒毒。

每一年的6月26日是世界禁毒日，其中广为流传的一句宣传语是"珍爱生命，拒绝毒品"。

女儿，当你看了这个案例之后，是否对"珍爱生命，拒绝毒品"这句话有了更深的体会呢？案例中的女孩小悦是那么的年轻，却因为一次好奇吸食而毁了自己的青春，毁了自己的大好年华，甚至还可能毁了自己的一生。这样的遭遇，值得每一个女孩警醒。

女儿，毒品的危害是巨大的，所以，我们有必要先来了解一下毒品的危害。

1. 毒品对人的身体造成的危害

（1）吸毒会严重摧残人的身体，它不但能破坏人体的正常生理机能，而且还会导致机体免疫力下降进而引发多种疾病，如果毒品吸食过量还会造成突然死亡。

（2）吸毒会严重扭曲自己的人格。当毒瘾发作时，吸毒者大多都会不顾廉耻、丧失自尊、好逸恶劳、六亲不认。比如，案例中的小悦就因为吸毒而沦为了一名冰妹。

（3）吸毒还容易引发自伤、自残、自杀等行为。毒瘾发作时会使人感到非常痛苦，失去理智和自控能力，甚至自伤、自残和自杀。

2016年1月5日早上7点，四川省遂宁某中学附近，一个年轻女孩状态恍惚，她不光扯拔自己的头发，而且还用剪刀戳自己的头皮，导致满脸鲜血，场面相当恐怖。同时，她还向路人要打火机声称要烧死自己。警察赶到后将她送往医院急救。后经查，女孩是因吸毒导致出现幻觉，从而引发了自残行为。

（4）一些吸毒人员静脉注射吸毒时，往往是很多"瘾君子"凑在一起合用一支注射器，这极易导致艾滋病的交叉感染。同时，吸毒者在毒品的影响下，性行为十分混乱，往往会因性乱交而交叉感染艾滋病。

2. 吸毒对家庭的危害

女儿，吸毒对于整个家庭的危害也是十分巨大的，有人形容为："一人吸毒，全家遭殃。"为此，有人总结了吸毒败家的四部曲，即：花光积蓄，卖尽家产，借遍亲友，男盗女娼。

3. 吸毒对社会的危害

女儿，吸毒不但严重危害个人、家庭，而且也会给社会带来严重的危害。具体来说，吸毒可以造成以下危害。

（1）诱发犯罪，影响社会稳定。

（2）吞噬社会巨额财富。

（3）毒害社会风气。

（4）影响国民素质。

女儿，介绍了毒品的危害之后，我们再来看一下如何防止吸毒。

（1）学习毒品的基本知识和禁毒的法律法规。

（2）不要听信毒品能够治病或解脱烦恼和痛苦等各种谎言。

（3）树立正确的人生观，不要盲目追求享受或寻求刺激。例如不要吸烟、喝酒以及去一些未成年人不宜出入的娱乐场所。

（4）远离那些有吸毒、贩毒行为的人。

（5）绝不能以身试毒，也不能因"好奇"而尝试第一次吸毒。很多吸毒人员的体会是："一朝吸毒，十年戒毒，一辈子想毒。"

女儿，吸毒是人类健康乃至幸福的杀手，是一个人堕落的开始，是通向地狱的绝望之路。因此，你一定要"珍爱生命，远离毒品"。

不要乘坐黑车、黑摩的，如果不小心上了，怎么办

2014年8月21日，22岁的女大学生小金独自乘火车抵达济南火车站，她准备前往济南西站转车。出站后，黑摩的司机戴某向小金搭讪，由于打不上正规出租车，她就坐上了该男子的车。

就在小金坐上黑摩的之后，戴某对她起了歹意。他先是把小金拉到偏僻处实施了强奸，随后又将她带到了自己的出租房内囚禁了起来。

后据警方介绍，囚禁期间戴某对受害人小金严加看管，甚至在晚上睡觉时都将其手脚捆好，嘴堵好。此后，戴某在长达四天的时间内，对小金多次实施捆绑、恐吓、打骂、强奸。

在经历了四天非人的囚禁之后，小金趁戴某买饭的机会用手机向朋友发出了一条求救短信。济南市公安局接到消息后，立刻进行了大规模的排查。两小时后，警察终于从一处出租房内将小金解救出来，并抓获了52岁的犯罪嫌疑人戴某。但此时的小金，精神已经恍惚，身上也已多处受伤。

除了这个案件，在2014年8月短短一个月的时间内，全国各地密集爆发了多起女孩失踪、被害案件：

8月9日，20岁女大学生高渝在重庆市错搭了一辆黑车导致不幸遇害；

8月11日晚，上海浦东16岁的少女在暑假兼职第一天的回家途中被黑摩的司机杀害；

8月27日，陕西汉中市南郑县一名11岁的女孩被黑摩的司机诱骗并杀害。

多名花季女孩命丧黑色8月，令人扼腕叹息。谁也不愿意看到，那些原本活力四射的女孩，却在最好的年华里画上了无奈的休止符。

女儿，不知你是否意识到这些案件中有一个共同的关键点，那就是女孩乘坐的都是黑车或黑摩的。也就是说，正是由于她们乘坐了黑车或黑摩的，才导致失联、被囚禁、被杀害等。一时间，黑车俨然已变成一种人们"谈之色变"的交通工具。

可在目前的很多城市中，不但黑车和黑摩的仍颇为常见，而且绝大多数人都有乘坐黑车或黑摩的的经历。同时，很多地方的火车站、汽车站、飞机场等人流密集地区，"黑车或黑摩的"非法拉客现象始终屡禁不止。原因之一，就是这些地方的正规出租车的运力不足，给了黑车可乘之机。

这些没有正规牌照的代步出行工具，暗藏了巨大的危险。比如，一些黑摩的很会"见缝插针"，它们在城市的大街小巷上横冲直撞，无视交通法规，也没有一个合理的价格规范。还有一些心怀不轨的黑车或黑摩的司机，寻找一切机会去加害那些一不小心坐上他车的女孩。

因此，女儿，不要对黑车、黑摩的抱有任何侥幸心理，而是要提高警惕，为了保证自己的出行安全，千万不要乘坐黑车或黑摩的。

但如果因为疏忽或不小心上了黑车，女儿，此时的你应该怎么办呢？爸爸给出以下几点建议。

1. 记录乘坐车辆信息并发给家人或朋友

女儿，在上车前，无论是正规出租车还是黑车或黑摩的，都需要记录或拍下所乘车辆的车牌号以及司机的样貌特征等信息，然后发给自己的亲人或

朋友。

2. 保证自己能够随时与家人或朋友联系

女儿，当你上了一辆黑车或黑摩的后，首先要通知家人或朋友，告诉他们自己在哪里上的车，大概要多长时间下车。而且要保证自己的手机有电，可以随时与家人进行联络。

3. 打开手机定位进行导航，当发现异常时要立刻拨通一键报警电话

女儿，上车后应立即打开手机定位进行导航，以确保司机开往目的地。当发现行车路线异常时，要立即拨通提前设置好的一键110报警电话寻求帮助。尽管此时你不一定要与110对话，但只要大声说出你的恐惧就可以，例如"你要干什么？""你要把我带到哪里去？"等类似的话语，110听了就会明白你遇到了危险，即便是随后关机，警方也会通过手机信号锁定并尽快找到你。

4. 不要暴露身上的贵重财物

女儿，在上车之前，你就要准备好乘车所需的零钱，千万不要在车上随意暴露自己的财产，比如钱包、首饰等贵重财物，以免引起坏人的歹意。

5. 面对陌生人时，不要激怒对方

女儿，当你面对不熟悉的黑车司机时，要避免与他发生口角，也不要用言语激怒对方。在前面提到的20岁重庆女大学生高渝被黑车司机杀害的案件中，据犯罪嫌疑人蒲某后来交代作案动机，就是因为高渝在乘车途中与他发生争执并将其激怒，蒲某才将高渝杀害。

此外，一旦你处于危险境地，应该抓住任何可能的机会，向外界及时发出求救信息，这对能否脱险至关重要。例如，在济南女大学生被囚禁的案件中，小金就是趁嫌疑人不备，偷偷使用他的手机给朋友发了一条求救短信，才最终被警察解救出来。

总之，女儿，外出时要避免乘坐黑车或黑摩的这一类的"危险"交通工具，可一旦不小心乘坐了黑车时，一定要多留个心眼，时刻注意保护自己的生命安全。

怎样安全地乘坐出租车、网络专车

女儿，我们在前面介绍了乘坐黑车或黑摩的时的危险，那么乘坐正规的出租车就一定会安全吗？我们先看下面的案例。

2013年5月22日晚8点半，23岁的女大学生姜某从县城乘坐出租车回家时发生了意外，被出租车司机王某抢劫、强奸，最后又被残忍地杀害。事情的过程是这样的：

姜某是郑州市卫生专科学校的一名即将毕业的学生。她在5月22日下午5点多，从郑州市长途汽车站乘坐大巴返回安阳市某县城，晚上8点半到了县城国营汽车站。之后，姜某在汽车站门口打了一辆出租车，她的家距离汽车站只有5分钟车程。

姜某一上车，就给家里打了个电话："爸妈，我已坐上出租车了，几分钟后就能到家。"可没有想到，出租车司机王某并没有往姜某家的方向开，而是朝着相反的方向，驶入郊区一个偏僻的村庄……

接下来，因赌博欠了不少债的王某将罪恶的手伸向了姜某。王某先是借故将车停下，随后用一把刀架在了姜某的脖子上，逼她将财物取出，最后，王某又残忍地将她强奸、杀害。

姜某的父母等了一夜，也没有等来早该回家的女儿，那一夜，是姜某一家永远的痛。他们一边报警，一边四处寻找女儿。第二天，姜某的尸体在郊区一片麦地里被民警找到了，几天后，犯罪嫌疑人王某也被抓获归案。

一段只有5分钟时间的车程，一辆普通的出租车，一个丧心病狂的罪犯，让23岁的姜某失去了年轻的生命。她的不幸遭遇，让熟悉她的亲人、朋友以及关心她的网友心痛不已，很多人都用"不敢相信"来表达自己的惋惜之情。

女儿,看到这里,你是否也难以置信呢?出租车是城市内一种常用交通工具,能给我们带来很大的便利。但不可忽视的一个事实是,毕竟出租车司机一般情况下都是陌生人,而面对陌生人一旦发生危险,女性的抵抗能力相比男性而言处于弱势,更容易成为被侵害的对象。

所以,女儿,像你这样单纯的女孩面对陌生的环境和复杂的社会时,就应当多一分警惕之心,尽量远离潜在的危险。

此外,当前各种打车软件十分盛行,只需一个手机即可操作,这使得乘坐网络专车非常便捷。那么,乘坐专车是否安全呢?我们再来看下面的案例。

18岁的小杨是湖北武汉的一名打工妹。2016年10月19日深夜,小杨因下班太晚没有坐上公交车,就用手机叫了一辆滴滴快车。上车后,小杨发现司机的行驶路线不对。正当她准备提出异议时,司机张某掏出了一把仿真手枪威胁小杨,让她不要乱喊乱叫。随后,张某将小杨带到了一处偏僻的地方。张某谎称,自己之前杀过人,让小杨乖乖"听话"。听到这话,小杨吓得不敢声张。张某先是逼迫小杨通过手机支付宝向他转账5000多元,然后强奸了小杨并拍下裸照,还威胁她不要报警,否则就将其裸照发到网络上。下车后的小杨没有屈从于罪犯的淫威而是选择了报警,张某最终被绳之以法。

女儿,实际上无论是在路边乘坐出租车,还是使用专车,都务必要注意安全,尤其是在夜晚独自乘坐出租车或专车时。那么,女孩该如何安全地乘坐出租车或专车呢?爸爸给出以下几点建议。

1. 在车内与家人或朋友实时联系

女儿,上车后要先打电话,告诉家人预计下车的时间,与家人或朋友保持实时联系,并随时汇报自己的位置。如果路程较远,可以使用QQ或微信与家人或朋友随时保持联系。

2. 手机没电时也要假装打电话

女儿，一旦你在上车后发现自己的手机没电时，不要惊慌，而是要假装镇定地与家人或朋友通话，明确告诉他们你的下车地点，然后假装让家人来接你。

3. 拍下出租车信息并上传

女儿，当你独自乘坐出租车或专车时，要先记清出租车车牌号、司机名字等信息，可用手机拍下然后上传到社交软件。

4. 不要选择坐副驾驶位置

女儿，乘坐出租车时尽量不要坐副驾驶的位置，因为越是靠近司机的位置，就越容易被不良司机控制，所以最好选择后排的位置。

5. 当发现路线不对时，要立刻通过一键报警电话寻求帮助

女儿，当你发现司机所开的路线不对劲时，就要及时提醒司机。如果司机还是选择错误的路线，此时就要当心，可以拨通手机上提前设置好的一键110报警电话寻求帮助。

6. 利用随身携带的"武器"保护自己

女儿，当你独自乘车时，包里最好带上一些防御工具，如果没有，可以利用包里的铅笔刀、圆珠笔等一些尖锐的东西，可不要小看这些，在紧要关头可能会保护自己。

7. 遇到危险时不要慌张，而是要沉着冷静

女儿，当危险来临时千万不要慌张，而是要沉着冷静，想尽各种办法来保全自己。例如，每个人都有其善良的一面，如果发现司机意图不轨时，可以通过和他聊聊天，比如聊聊他的家人等以唤起他的良知。

女儿，当你独自乘坐出租车或专车时，一定要提高警惕，增强自己的安全意识、防范意识和应对能力，从而有效保护自己的生命安全。

远离酒吧、娱乐场所等"是非之地"

今天是玲玲16岁的生日，晚上放学后，玲玲和好朋友晓菲、晓雯在一家饭店庆祝生日。饭后，大家感觉没有尽兴。晓菲提议说，天还早呢，不如去酒吧"嗨"一次吧？玲玲原本不想去，因为她的父母对她要求很严格，不允许她去酒吧、KTV等地方，可禁不住另外2人的劝说，最后还是同意了。

就这样，3个女孩来到了一个酒吧。酒吧很有文化气息，布局貌似某个电影中的场景，时而舒缓时而劲爆的音乐交替营造着氛围。考虑到家人会担心，玲玲劝大家不要喝酒，于是她们只是点了几杯饮料。

没过多久，晓菲就在酒吧碰到了一个熟悉的男生，他还有2个同伴，他们6个人坐在一起聊天，玩得很开心。过了一会儿，一个男生拿来了几杯非常漂亮的饮料，在音乐的迷醉和大家的说笑中，晓菲、晓雯毫不犹豫地喝下了整杯饮料。可是她们却不知道，这杯所谓的"饮料"是用烈性白酒、红茶和果汁勾兑的，结果，两人很快就不胜酒力了。

玲玲只喝了一口饮料，觉得不好喝就没有再喝，所以她很清醒。但两个好姐妹都醉了，该怎么送她们回家呢？此时，另外三个男生自告奋勇，提出送她们回家。玲玲见其中一人还和晓菲很熟悉，就没有在意，于是放心地让三人送两个姐妹回家了。谁知那三人并没有把两个女孩送回家，而是将她们带到了一家宾馆，并对她们实施了侵犯。虽然那三人最终受到了应有的惩罚，但晓菲和晓雯受到的伤害，却再也无法挽回了。

女儿，酒吧、KTV、舞厅和游戏厅等地方"鱼龙混杂"，有些人是抱着不良企图或目的来这里的，所以这类场所是一个充满诱惑与陷阱的是非之地。所以，最好不要来这种地方。

女儿，对于青春期的孩子来说，爱玩就是你们的天性，再加上本身就具备的强烈好奇心，使得你们特别愿意去尝试或涉足一些新鲜事物，因此，一旦禁不住诱惑进入了"是非之地"，就会将自己置于危险之中。

实际上，多数娱乐场所门口都有"未成年人不得进入"的标志，也就是说，像你这种年龄的孩子是不能进去的。不过，也有很多女孩子对娱乐场所特别感兴趣，因为这里有绚丽的灯光、劲爆的音乐和优雅舒适的环境，这些容易对她们造成一种视觉与心理上的冲击。所以，有时候朋友们选择把娱乐场所作为聚会的地点，也是人之常情。

女儿，对于娱乐场所，爸爸在这里给你以下几点建议：

1. 不要单独去娱乐场所，也不要穿过于暴露的服装

女儿，千万不要一个人去娱乐场所，而是要和一些朋友一同前往。这是因为，如果单独出现在娱乐场所，容易被陌生人接触、搭讪，从而成为那些图谋不轨者的"猎物"。此外，虽然女孩子天生爱漂亮，但在娱乐场所还是尽量不要穿短裙或者是太过暴露的衣服。

2. 一定要看管好自己的酒水饮料

女儿，当你身处娱乐场所时，一定要看管好自己的饮料，不要随便离开自己的座位，以免被图谋不轨者在杯子中放入迷药。另外，最好不要在娱乐场所抽烟、喝酒。

3. 对于朋友的"朋友"，也要小心提防

女儿，当你和一群朋友，还有朋友的"朋友"一起在娱乐场所玩时，一定要提防你不熟悉的人，他们往往因为是朋友熟悉的人而容易使你放松警惕。在现实生活中，有很多女孩受侵害的案件都是因朋友的"朋友"引起的。

4. 不要在娱乐场所停留过长时间，也不要让陌生人送你回家

女儿，不要在娱乐场所停留过长的时间，同时，尽管娱乐场所的环境可能会比较嘈杂，但也不要中断与家人的联系。此外，在娱乐场所聚会结束后，也不要让陌生人送你回家。必要时，可以打电话让家人接你回家。

总之，女儿，最好不去这些娱乐场所，而是要多培养一些其他高雅的爱

好，参加一些有意义的活动。例如看电影、听音乐，登山、户外运动等更加
丰富多彩的活动，或者去博物馆、纪念馆、科技馆、文化馆等场所，千万不
要把自己的人生全都浪费在"光怪陆离"的娱乐场所之中！

不与家人之外的其他人到野外去旅行

刘菱是旅游学校的一名学生，她很喜欢旅行，特别羡慕驴友们的旅行经
历，还经常浏览一些旅游网站。后来，刘菱在一个旅游论坛上结识了张华，
对方称自己是资深驴友，去过很多地方。刘菱感觉张华"见多识广"，就经
常和他谈论一些旅游方面的话题。

暑假到了，张华约刘菱周末去郊外游玩，他说自己的几个朋友也会去，
希望她能多找几个女孩参加。刘菱觉得已经认识张华很久了，再加上自己也
很喜欢郊游。于是，她找到了自己的好姐妹小云和小丽。她们二人听说能免
费去游玩，当即表示同意。

就这样，张华和他的朋友周末开了一辆商务车，接上了三个女孩。他们一行
6人有说有笑，不一会儿就上了高速公路。这时，刘菱的朋友小云感到事情有点
蹊跷，去郊外旅行哪里需要上高速呢？再加上他们也说不清楚到底去哪儿玩。因
此，小云就留了个心眼，她先是大吃水果，一会又说自己肚子痛要去厕所。

正好前面是个服务区，车停下后小云去了厕所，随后她偷偷给家人打电
话，说她们可能遇到了危险，现在正在高速公路旁的某个服务区，并说出了
商务车的车牌号。小云的家人听后立即报了警。

回到车上，小云追问张华他们到底要去哪里。张华开始时还有些支支吾
吾，后来就恼羞成怒了。他恶狠狠地要求三个女孩听话，否则就给她们点儿

颜色看看。可他没有料到，警察正在前方高速口等着他们……

经过警方讯问，张华交代了此行的目的。原来，他准备借外出郊游的机会，拐卖几个女孩去南方从事卖淫。刘菱这才如梦初醒，好在她们没有受到伤害。

女儿，外出旅行本身就带有一定的风险，如果是跟家人以外的陌生人去旅行，风险性就会变得更高。案例中的刘菱，实际上就相当于和陌生人一起去旅行，因为她对张华根本不了解，他们只是经常在网上聊天、互动，尽管持续了一段时间，刘菱就认为她和张华很熟悉了。其实这种观点是非常错误的，由此导致她们差一点儿让坏人得手。

好在刘菱的好姐妹小云是个聪明的女孩。她首先感到事情有些蹊跷，但没有声张，而是不动声色地通过吃水果、上厕所、记车牌号、打电话等一系列巧妙的设计，才让几个女孩免遭被拐卖的噩梦。

女儿，像你这么大的孩子，还不具备足够的独立出行的能力，如果想要外出旅行的话，还是选择和自己的家人一起去才安全，否则，像案例中的女孩一样，遇到危险的可能性就会非常大。

所以说，女儿，如果有外人邀请你野外旅行，无论在什么情况下，你都应予以拒绝，要知道，自己的安全是最重要的。下面，我们来详细分析一下"野外旅行"的特点，只有详细了解之后，你才能真正意识到与陌生人一起"野外旅行"的危险。

1. 野外天气状况的影响

女儿，野外的天气状况比较特殊，像雷暴大风、短时强降水等强对流天气可能会经常出现。所以，当面临野外天气影响时，还是和你最熟悉、最了解的家人在一起更安全。

2. 野外偏僻环境下心理层面的影响

女儿，野外旅行的目的地，大多是空旷无人的地带，尽管这里的风景很美、空气清新，很令人向往，但往往比较偏僻，甚至可能没有任何通信信号。此时，你和不熟悉的人一起旅行，如果碰上别有用心的坏人就可能对你造成伤害，并无法寻求外界的帮助。

3. 存在被诱骗、拐卖的风险

女儿，野外旅行往往路途遥远，可能会使用汽车、火车等交通工具，如果和不熟悉的人一起旅行，就存在被诱骗、拐卖的风险，就像案例中刘菱和她几个姐妹经历的那样。

此外，女儿，你在结交朋友时还是要慎重一些，对要结交的人也要多了解一些，特别是那些刚认识没几天就要求一起出去玩的朋友，我们就应该多一些警惕性，这样才能最大限度地保证自己的安全。

无论受到多大委屈，都不自残，也不去残害他人

女儿，自残是指人对自身肢体和精神的伤害，它导致的最极端情况就是自杀。在现实生活中，自残行为时有发生。甚至在网络上，我们还可以经常看到一些女孩自残后上传的"惊悚"图片。显而易见，自残是一种十分病态的行为，女儿，应当坚决避免这种情况的发生。

我们先来看看下面的案例。

14岁的小梅来自一个单亲家庭，父母在她很小的时候就离异了，后来母亲带着小梅与养父再婚，但养父对她并不好，她也没有体会到家庭的温暖。等小梅上了初中，母亲就将她送到了一个寄宿制学校就读。

由于离开了母亲的呵护，使得小梅严重缺乏家庭的温暖，她就通过身边的异性寻求情感上的安慰。小梅很快与同班男生小明发展成了"男女朋友"

关系，甚至两人还多次趁节假日，在小明的家中发生了性关系。

但没过多久，小明又喜欢上了另外的女孩，这令小梅十分痛苦，可她又找不到人倾诉，心里郁闷极了。直到有一天，她拿起了一把削铅笔的刀子，然后对着自己的手臂猛地划了下去。鲜血一下子流了出来，小梅浑身一激灵，但却似乎没有感到疼痛，甚至还有一丝痛快的感觉。此后，她"迷恋"上了这种自残带来的感觉，每当郁闷时都会用自残来发泄自己。

后来，一个偶然的机会母亲发现了女儿胳膊上的各种疤痕，起初她还以为孩子是在学校受到了别人欺负，后来才知道是女儿自己划的。母亲带着小梅去医院看心理医生，经过心理咨询师的耐心交流和一系列心理测试，才得知小梅童年时缺少家庭温暖以及班里男生对她的伤害，是她自残的最主要原因。经过心理医生和母亲的不断疏导，小梅才逐渐改掉了自残的行为。

女儿，案例中的女孩小梅遇到了自己无法解决的问题，也找不到倾诉内心感受的对象，因此内心十分压抑。当她遇到伤心、委屈的事情时，之前长时间被压抑的愤怒就会爆发，使得她将满腔的愤怒转向自身发泄，产生自虐倾向，甚至还有可能形成习惯。实际上，这种行为就是自残，即自我伤害。小梅选择不断用划伤自己来发泄内心的不满，用疼痛让自己有着某种存在感，甚至在伤害自己的过程中获得一定的快感……这些都是自残者最真实的内心感受。

女儿，在你的成长过程中，可能也会像案例中的小梅那样，遇到一些难以解决的事情，或遭受到一些不公平的对待，但是，爸爸必须要提醒你，无论受到多大委屈或者在任何情况下，都不要自残，也不要去残害他人。

所以，当你遇到问题时一定要想办法解决，为此，爸爸给你以下几点建议。

1. 不要封闭自己，要学会与人沟通

女儿，凡事都不要太过苛求自己，要学会理智、客观、全面地分析和看

待问题，还有更重要的一点就是不要封闭自己，要学会与人分享、沟通，把自己心中的困惑、不满向他人说出来，宣泄出来，必要时可以求助家长或专业的心理医生。总之，在小事变成大事之前，我们就要把它解决了。

2. 不要模仿别人自残

女儿，女孩一定要爱护自己的身体，这是对父母最基本的孝道。因为当你有了伤病时，最担心、最难过的一定是你的父母，甚至父母看到孩子受伤时，会比自己受伤还难受。因此，千万不要模仿其他有自残行为的女孩，要知道，自残是一种最愚蠢的解决问题的办法，只会让问题变得越来越糟。

3. 不要自残也不能伤害他人

女儿，有的女孩在重压之下会变得抑郁而不能自控，甚至会做出伤害他人的事情，但无论是害人还是害己都不可以，这不但是一种病态的行为，而且是违法的，因为任何人都没有权利去伤害他人的身体。

2016年9月16日，黑龙江省肇东市一名16岁女孩小陈，将母亲囚禁在家中的椅子上，最终致其死亡。

事情的起因是这样的，小陈初中毕业后没有考上理想的高中，就辍学在家。此后，小陈开始变得十分叛逆，她不但顶撞父母，甚至还经常对父母大打出手。后来，小陈的父亲将女儿送到了山东一所"问题少年纠偏"的学校。

但这所学校没能对小陈产生丝毫的改变，反而因她遭到学校教官的肆意辱骂和体罚，而变得更加痛恨自己的父母。从学校回家后，为了缓和与女儿的矛盾，小陈的父母就让她单独住在一所房子内。2016年9月8日，小陈向家里索要2万元钱，遭到了母亲的拒绝。于是，小陈就将母亲用胶带、布条捆绑在家中摇椅上囚禁了8天，其中4天没给母亲吃饭。直到9月16日凌晨，小陈发现母亲情况危急，她连忙拨打120电话，但最终还是没有能够挽救母亲的生命。

女儿，我们都不是完美的人，也不可能每一件事情都做得那么完美。所以，无论受到多大的委屈，你都不要选择自残，也不要去残害他人。当我们发现身边的人有这样的倾向时，也要及时劝解，并帮助他们采取正确的方式去与人沟通，获取他们想要得到的爱护。

亲朋好友也要防，识别各类传销骗局

女儿，传销是一种诈骗行为，其本质是"庞氏骗局"，在中国又被称为"拆东墙补西墙"或"空手套白狼"。早在1998年4月21日，我国政府就已宣布全面禁止传销，2005年11月1日起正式施行《禁止传销条例》，但由于各种原因却屡禁不止。

所以，女儿，不要以为传销离我们很远，可能它就在我们的身边。下面，我们先来看一个案例。

2017年7月14日晚上11点，长沙一家咖啡店正准备打烊，店里突然进来了两男两女。其中，一名年轻女子在点单时，在刷卡消费单上悄悄写了"求救"这两个字。收到字条后，店长高女士立刻明白了这名女子的用意，她一边告诉店老板，一边拨打了报警电话。

很快，附近派出所的民警赶到了现场，在初步了解情况后，将四人带回了派出所。求救的这名女子叫小琪，是广西南宁一名在校大学生，今年只有19岁，那么她为什么千里迢迢跑到长沙了呢？

原来，小琪的家庭条件不太好，她经常在业余时间打工挣钱。此时正值暑假，她准备在学校附近找一份工作。就在这时，小琪的高中同学小菊告诉她，自己在长沙一家旅游公司当导游，工作很轻松，工资也很高，让小琪也来这里一起上班。小琪一听就动了心，她立即订下了一张前往长沙的火车票。

小菊如约来到火车站接小琪，然后把她带到了一户人家。当门打开后，小琪发现，不大的屋子里到处是人，空气中还有一股难闻的气味，而且所有的人都坐在地上听一个人激动地给他们讲课。小琪立刻意识到自己陷入了传销窝点，但她暗自决定不能打草惊蛇，并找机会逃出去。

于是，小琪装出一副特别信任他们的样子，并表示自己愿意加入他们的组织，在听课时也特别认真，很快，她便成了这里的"积极分子"。几天后，小琪借外出之际来到咖啡店偷偷给店长写下了"求救"字样，最终被民警解救。

女儿，案例中的小琪犯了一个错误，那就是轻信了自己高中同学小菊的话，并孤身一人来到一个遥远、陌生的地方找工作。但不可否认的是，小琪在面对困境时显示了她聪明机智的一面，同时她也是一位情商特别高的女孩。因为小琪没有选择与传销人员"硬碰硬"，而是巧妙地取得了他们的信任，这样就为她最终脱身创造了机会。

但在下面的案例中，两个身陷传销组织的年轻人由于没有采取正确的方法，结果令人惋惜。

2014年5月8日，河南20岁的大学生孙某被好友骗至一出租屋后，由于他始终不肯加入传销团伙，几名传销骨干对他拳打脚踢，并采用了开水烫、毛巾遮脸水淋、鼻孔插香烟等一系列折磨方式。孙某最终在他们的虐待下丧生。

2016年7月5日，刚从某重点大学毕业的22岁大学生小军，被一名女网友以交朋友为名骗至合肥，并拘禁在一个传销组织内。在接下来的几天内，小军因不听话遭到5人不间断的殴打、体罚，最终永远离开了人世。

女儿，传销组织之所以时至今日仍有生存空间，就是利用了熟人或亲友的信任进行"拉人头"式的欺骗，然后将受害人骗至外地并加以控制。导致受害人轻者钱财散尽，而重者，就会像案例中的受害人那样，被活生生害死。

因此，女儿，当你收到亲友或同学请你去外地旅游或工作的邀请时，一定要"三思而后行"，因为很多传销团伙都是以亲友的名义拉人下水的。所以，为了自己和家人的幸福，一定不要上当受骗，即便是自己的亲朋好友或同学也要提防。

可一旦误入传销组织怎么办呢？爸爸给你以下几点建议。

1. 记住地址，伺机报警

女儿，当你被带到一个陌生的地方被控制人身自由后，首先要掌握自己所处的具体位置。如果不能掌握，可以查看附近的标志性建筑或商铺的名字，比如暗中记下一些饭店、商场的名字，以便伺机报警。

2. 借助外出上课时途中逃离

女儿，传销组织每天都会有一些户外活动，在这个过程中往往随行人员相对较少，便于我们抓住时机逃离，甚至还可以向保安或路人求助。

3. 必要时可以装病，以寻找逃离机会

女儿，我们可以想尽一切办法寻找逃离的机会。比如装病，但要装得像，不能被对方看出破绽，然后趁外出就医的机会逃离。

4. 通过纸条求救

女儿，在很多逃出传销组织牢笼的案例中，都是通过"纸条求救法"实现的，例如前面案例中的小琪。此外，如果没有外出逃跑的机会，为引起注意，还可以将求救信息写在钞票上，然后趁人不备从窗户扔下。

5. 骗取对方信任，寻找逃离最佳时机

如果实在走不掉又被看得很紧，可先伪装自己并骗取对方的信任，让他们放松警惕，最后再寻找机会逃离。

总之，女儿，当你面对已如"过街老鼠，人人喊打"的传销组织时，一定要提高警惕，保持清醒的头脑，避免上当受骗情况的发生。

天上不会掉馅饼，小便宜不要占

俗话说，"天上不会掉馅饼"，即便真的会掉，那么馅饼里一定会有害人的毒药。还有人爱占"小便宜"，但可能往往会"贪小便宜吃大亏"，女儿，我们先来看下面的例子，你就会对此有更深的体会了。

2016年11月21日早上7点，小琳父母接到了女儿打来的电话，他们急匆匆地赶到了医院的急诊室。半小时后，医生刚从急诊室出来，连口罩还没有摘掉，小琳的爸爸就冲上去抓住他的袖子问道："大夫，我的女儿现在怎么样了？"医生回答说："幸好来得比较及时，否则就可能毁容了。让你女儿记住，千万不要随便用劣质化妆品了！"

原来，小琳是个很爱美的女孩，虽然职高还没有毕业，却特别热衷于服装、包包、化妆品等名牌产品。但小琳的家庭并不是特别富裕，家里每个月给她的生活费也不多，所以，当小琳每次看到班里家庭条件好的女生使用比较贵的化妆品时，都感到特别羡慕，甚至还有些隐隐的妒忌。心想，要是什么时候自己挣钱了，也要买大牌子的化妆品用。

一天，小琳的表姐来学校看她，两个人有说有笑，聊得很开心。后来她们聊到了化妆品，表姐就提到，自己有个朋友可以通过海外代购的途径搞到某高档化妆品，而且价格非常便宜，但数量有限，甚至不托关系的话，还得排队买呢。

当得知平时价格贵到令人咋舌的名牌化妆品，竟然可以如此低价买到时，小琳立刻两眼放光，她央求表姐一定要给自己买一套。表姐很给力，拿到钱后没几天就给小琳送来了化妆品。

舍友们看到小琳买到了高档的化妆品，都很羡慕。小琳的心里乐开了花，觉得自己捡了个大便宜。可小琳用了化妆品后，当天脸上就出现了不适，但她没有放在心上，仍继续使用。到了第三天早上一醒来，小琳感到脸上奇痒无比，而且肿得非常厉害，还密密麻麻地布满了小红疙瘩，甚至眼睛都快睁不开了，只能眯成一条缝。

小琳吓坏了，她赶忙去了医院急诊，同时也给父母打了电话，这才出现了开头的那一幕。后来经检测机构证实，小琳购买的所谓高档化妆品是假货。经过半年多的治疗，小琳脸上的皮肤才逐渐恢复了正常。但小琳不得不为此休学了一年，心情也一直非常低落。她说，这个教训会记一辈子。

女儿，案例中的小琳喜欢各种价格昂贵的名牌产品，但又没有那么多钱购买，结果为了满足自己的虚荣心，就"贪图"了某高档化妆品的"小便宜"，却"忽略"了便宜背后的陷阱，最终让自己的身心受到了很大的伤害，并且还为此耽误了学业，实在是得不偿失。

女儿，在现实生活中，这种情况其实并不少见，尤其对于很多涉世未深的女孩来说，她们平时可能很有警惕心，不会刻意贪图小便宜，但往往遇到了自己非常喜欢的物品时，贪心就会在最薄弱的环节起到作用，导致在判断的时候失去理智。

所以，女儿，你一定要引以为戒，要记住，既不要认为会天上会掉下来"馅饼"，也不要随便贪图"小便宜"。那么，这个世界那么大，而我们的阅历又那么浅，究竟如何来防范"天上掉下的馅饼"，避免贪图小便宜呢？为此，爸爸给你以下几点建议。

1. 时刻保持冷静、清醒的头脑

女儿，任何"陷阱"上面都有一个光鲜诱人的"诱饵"，只要我们时刻保持冷静、清醒的头脑，并坚定地认为这个世界上根本没有什么东西是免费或者有"小便宜"可占的，那么，再光鲜诱人的"诱饵"，在你冷静、清醒的头脑面前也会失效。

2. 多听听其他人的意见

女儿，有一句老话说的是"当局者迷，旁观者清"，当我们遇到事情拿不定主意的时候，最好能听听周围人尤其是自己家人的意见。如果能适时地参考一下家人的意见，也许就能够避免上当受骗了。

女儿，有个成语叫"不贪为宝"，意思是以"不贪"的品德为宝。要知道，拥有一颗不贪图、不妄求的心是最珍贵的，值得所有的女孩拥有，它至少会让你少走很多弯路。

助人为乐也要多个"心眼儿"，当心掉进坏人的陷阱

女儿，"助人为乐"是我国的传统美德，相信你也从新闻上看到过很多助人为乐的报道。但是，爸爸要提醒你的是，在助人为乐的同时，也要多留个"心眼儿"，当心掉进坏人的陷阱。

下面，我们先来看一个真实的案例。

2015年6月7日中午，四川省南充市嘉陵区某村庄，10岁的女孩蕾蕾（化名）去奶奶家吃午饭，饭后她独自一个人回家。中午1时左右，当蕾蕾走到敬老院附近时，碰到一名开着三轮摩托车，年龄在40岁左右的陌生男子，该

男子问蕾蕾："小姑娘，你知道××超市怎么走吗？我要给超市送货。"

蕾蕾想到在学校时学过助人为乐的故事，就热心地告诉陌生男子，只要顺着这条路一直开下去就能找到。该男子表示感谢后并没有离开，而是继续套话，当得知蕾蕾是一个人回家，身边没有人跟随时，就称自己还是不认路，而且急着给超市送货，请蕾蕾上车亲自给他带路。

蕾蕾见这个和蔼可亲的叔叔长得不像是坏人，又是给自己熟悉的超市送货，而且此处距离前面的超市又不远，就上了他的车。可让蕾蕾没有想到的是，当三轮车行驶到一个路口时，该男子突然转向了一处偏僻的树林。

随后，蕾蕾被之前这个看起来"和蔼可亲"的男子强暴了。事后，蕾蕾哭着跑回家，家人得知情况后迅速报警。3个小时后，警方将嫌疑人刘某抓获。

女儿，案例中的那个10岁小女孩，她的心灵是纯洁的，所感受到的又都是世界的美好。所以当遇到陌生人问路时，她就轻易地给陌生人指路，甚至在陌生人"着急送货"的哄骗下，还搭上了对方的三轮车为其带路。正是由于她的善良和乐于助人，才被不法分子趁机利用，从而落入到坏人的魔爪之中，并受到了严重的伤害。

因此，女儿，你要懂得，现实中的社会既有善良、阳光的一面，也有丑恶、阴暗的一面。实际上，助人为乐并没有错，但应该多留个心眼儿，当心掉进陌生人设下的陷阱。

那么，当你遇到陌生人寻求帮助时，应当采取哪些方法才能避免掉入坏人的陷阱呢？爸爸给你以下几点建议：

1. 礼貌拒绝对方

女儿，当你在路上碰到陌生人问路时，如果你知道怎么走可以指给对方，但如果对方请你引路，甚至让你上车，你就要提高警惕，千万不要上对方的车，哪怕是你非常熟悉或位置不远的地方也不要去。此时可以礼貌地拒绝对方："爸爸妈妈不让我和陌生人走，你要是想找人引路，可以找警察叔叔帮忙。"

2. 与陌生人保持一定的距离

女儿，当你在与陌生人交流的时候，一定要与对方保持一个合适的距离，以便于危险发生时，你能够迅速逃离危险区域。即便是陌生人靠近你，你也要躲得远远的，不要给他们靠近你的机会。

3. 发生危险时，可大声呼喊以引起路人的注意

女儿，如果对方试图纠缠你，你一定要往人多的地方跑，并大声呼喊来引起路人的注意。我们再来看看下面的案例。

2014年1月7日早上7点左右，湖南省常德市临澧县某小学学生小佳和小鑫像往常一样，结伴上学。当她们走到半路时，被一个身穿蓝色羽绒服、头戴黑色绒帽的成年陌生男子拦住了，他问道："小朋友，你们知道××广场怎么走吗？"

"你在前面的路口右转，再走一段路就到了。"小佳热情地为对方指路。该男子听后继续说："是这样啊，我对路不熟悉，反正现在还早，不如你们俩带我一起去吧！"小佳说："叔叔，不行，我们上学就要迟到了，不能和你一起去。"

说完，她们转身准备离开，但陌生人迅速抓住两个女孩，准备将她们强行拉过马路。对方突如其来的举动，让两个女孩意识到自己的处境不妙。但她们没有慌乱，当行至路边一家宾馆门口时，小佳故意放慢脚步，然后对着宾馆大声呼救。陌生男子见势不妙，迅速逃走了。两个女孩终于脱离了危险。

在这个案例中，两个女孩在遇到危险时没有"束手无策"，而是选择了一个十分有利的时机大声呼喊，结果吓跑了坏人，最终脱离了危险。

第四章

对待陌生人，
你不能太单纯

女儿，多年前有一部热播电视剧《不要和陌生人说话》，为什么不要和陌生人说话呢？因为相对于熟人而言，陌生人充满了很多未知和不确定性，缺乏信任感和责任感，存在更多的潜在危险，所以对待陌生人你一定要小心、谨慎，不能太单纯。比如，谨慎对待陌生人的来电，陌生人问路要警惕，不要轻易送陌生人回家……

谨慎地对待陌生人非正常的来电

女儿，你还记得电视新闻上曾经报道过的个人信息泄露的事情吗？很多人利用各种渠道获得人们的手机号码、年龄、职业、家庭住址等私人信息，然后再通过售卖来牟利。女儿，你的手机号码也很有可能在无意中被泄露给了陌生人。爸爸之所以会提到这个事情，是想让你面对陌生的来电多一分警惕，多留一份心。

2013年8月的一天，陕西佳县的16岁女孩小晴突然接到了一个陌生号码打来的电话，小晴一接起来，一个男人就用非常亲切的口吻说道："你怎么才接我电话啊，老同学！"小晴很奇怪地问："你是谁啊，我不认识你啊。"男子说："你的号码是158×××××××吗？"小晴说："号码没错，但是我不认识你。"听到小晴的意思是要挂电话，男子急急忙忙地说："你先别挂电话啊，虽然打错了，但也是一种缘分，就聊会儿呗。"小晴一想，反正也没事，于是就跟对方聊了起来。

男子跟小晴说他叫李兴文，正在西安读大学，还说如果小晴有关于学习方面的疑惑和问题都可以找他。小晴一听，感觉这人真的是太真诚、太热心了，对他也产生了好感。这次以后，李兴文常常打电话过来跟小晴聊天，一来二去，两个人渐渐熟悉起来。

一天，正在睡午觉的小晴被李兴文的电话吵醒了，他说刚好学校放假，他就连夜赶过来看小晴了，很想见她一面。小晴被他的"浪漫"感动了，没有多想就来到了约定的地点。没想到，迎接她的却是一场噩梦。三个男子突然出现在她的面前，将她拉上了一辆车，带到了一所宾馆中对她进行了强奸，然后逃逸。

民警将三名犯罪嫌疑人抓获后得知，这三个人并不是什么大学生，就是佳县当地的无业游民。他们偶然得到了小晴的号码，于是就演出了这样的一场戏。

我的女儿，爸爸明白，作为一个单纯、可爱的女生难免会对这个世界充满了幻想和憧憬。在你们的眼中，总是很容易看到事物的美好之处，也倾向于把人看作善良、正直的，这既是你们的可贵之处，但同时也是非常危险的。就像例子中的小晴，在接到陌生人打错的电话后，不但没有保持必要的警惕，而且还毫无戒心地与其保持联系，甚至交上了朋友。然而，她想不到的是，这个所谓的朋友从一开始就是有预谋的，从一开始就给她设计好了圈套。

看到这个案例的时候，爸爸在想：你平时可能也接到过一些陌生电话吧。爸爸也收到过，有的是因为号码相似，一不小心拨错了，纯属无心之过；有的是各种广告、推销电话；还有的则是各类诈骗电话。

那么，面对这些陌生电话，你应该怎么对待呢？爸爸认为，你不妨从现在开始试试下面的办法：

1.最好不要接听陌生号码的来电

女儿，你要明白，你所熟悉的、认识的人一般情况下都会在你的手机通讯录上有记录。当他们来电时，手机上会自动显示他们的姓名。所以，当你看到的来电显示只有号码，没有名字，甚至是未知号码时，最好不要接听。如果对方三番五次打过来，也有可能是自己熟悉的人有重要的事情，这种情况下可以接听。接听后，如果对方是你不认识的人，且没有正当的事情，应当在明白对方意图后果断挂断。

2.错过的陌生电话，不要急于回拨

有的时候你可能会发现自己的手机上显示有陌生号码拨打过电话，但是

你却没有接听到，那么你的第一反应是什么？回拨？不，这可不是一个好的选择。爸爸知道，你可能会担心自己错过一些重要的电话。其实，如果这个电话对你而言非常重要，如果打电话的人必须要联系到你，那么对方绝不可能仅仅拨打一次，他必定会再次尝试联系你。

所以，不要急于回拨陌生的电话，要学会耐心地等待，等他重复拨打时你再接听也不晚。如果没有重复拨打，那就说明并非什么重要的电话，而你也很可能幸运地躲过了一次诈骗。

3.反复拨打的陌生号码可以接听，但不要先说，更不要多说

当一个陌生的号码反复拨打你的电话时，那么你不妨接听一下，但是不要急于开口说话，要让对方先说。如果是陌生的声音在向你推销、行骗，抑或是搭讪等，直接挂掉就行。不需要跟他们聊很多，更不能出于不好意思有问必答。

虽然这种直接挂断的处理方法简单粗暴，但却能够比较有效地避免陌生电话的继续纠缠。同时，也防止你在沟通的过程中，言多必失，透露更多的个人信息给陌生人。

4.谨慎对待熟悉的或者是认识的人用陌生号码拨打的电话

如果接听陌生电话后发现是你熟悉的人用陌生的号码打过来的电话，那么你一定要问清楚对方换号的原因。尤其是你很久没有联系的、曾经认识的人突然用陌生号码打来的电话，你更要谨慎判断他的话语中的真实性和可靠性。不要因为曾经认识，或者说是熟人就盲目地相信对方。

爸爸在这里还要特别提醒你：无论遇到什么情况都不要意气用事，不可慌张，要时刻保持冷静清醒的头脑。

总而言之，我的女儿，请一定要记住，与偶尔错过一个电话相比，你的安全才是最最重要的，无论何时都要保持清醒冷静的头脑。爸爸给你配手机的目的是方便我们之间的联系，爸爸可不希望它成为你的安全隐患。

不要被别人的夸赞冲昏头脑

女儿，爸爸明白每个人都喜欢被人夸赞，尤其是女孩，但是，当面对陌生人的夸奖时，爸爸希望你能保持头脑清醒，不要被那些花言巧语给迷惑住，以防发生意外。

2013年7月18日，正在度暑假的朵朵在家实在无聊，爸爸妈妈又都上班去了，于是她便决定坐公交车去找自己的好朋友玩。然而，让朵朵万万没想到的是，她的这次独自出行却成了一趟噩梦之旅。

公交车来了，朵朵上了车，车上人还真是不少呢。朵朵一边往车厢后面走，一边躲闪着挤来挤去的人们。"小朋友，来坐这儿吧！"朵朵正后悔自己上了一趟人多的车时，突然听到了一个亲切的声音。朵朵循声望去，只见一位叔叔正向自己招手。"谢谢叔叔！"朵朵顿时开心极了，挤到座位前坐了下来。"不用客气，你可真懂礼貌。你一定是少先队员吧，少先队员让很多孩子美慕啊！"叔叔不停地夸奖着朵朵，朵朵听得心里甜蜜蜜的，对这个陌生叔叔更是充满了好感。

两个人就这样在车上聊了起来，叔叔不停地夸赞朵朵懂事、漂亮、会说话，朵朵被夸得美滋滋的。对他的各种问题都是知无不言，言无不尽。

"××站到了！下车的乘客请做好准备。"正在跟陌生叔叔聊得火热的朵朵一听到售票员阿姨的报站声立刻站了起来，说道："叔叔，你来坐吧，我要下车了！""这么巧，我也是这站下车！"叔叔瞪大了眼睛惊喜地说。"是啊，这么巧啊！"朵朵一边感到惊奇，一边也忍不住笑了。

下了车，两个人一起沿着路边走着。叔叔对朵朵说："今天遇到你真是太有缘分了，刚好叔叔有点事情想找个人帮忙，你现在有没有时间去帮帮我？"朵朵问："什么忙啊，我能行吗？"叔叔说："当然能行啊，而且就是要有能力、有思想的少先队员才能帮我这个忙呢！你呀，最合适了！"朵朵被叔叔这么一说，有些不好推托了。她一琢磨，反正自己也没什么要紧的事情，最多就是晚一点到同学家玩，于是就爽快地答应了。

叔叔领着朵朵进入了一个小区，然后七拐八拐地进到了自己的家中。一进门他便把门反锁上了，此时的朵朵意识到有些不太对劲，强作镇定地问："叔叔，你怎么把门锁上了？"这个叔叔这时候露出了狰狞的面目，邪恶地笑着说："当然要锁门了，要不怎么好帮叔叔忙呢！"可怜的朵朵人小力薄，终究没能逃过犯罪分子的黑手。

对于朵朵来说，她自以为遇到的是一个能看到自己的闪光点的叔叔，却不知道实际上却是一位戴着面具的恶魔。

喜欢听好听的话，喜欢被别人夸赞是人之常情，爸爸非常理解。但是，理解并不等同于赞同。朵朵的遭遇恰恰印证了一句谚语，即"无事献殷勤，非奸即盗"。当有人对你百般讨好，甜言蜜语的时候，必定是有目的的。要么是有求于你，想从你那里得到什么好处，要么就是图谋不轨。

爸爸相信，其实每个人的心里对于自己的优点都是非常清楚的。当别人夸奖赞美自己的时候，那些话有几分是真，有几分是假，也是能够判断出来的。问题的关键在于，面对这些"赞美"时，你是否能够保持清醒的头脑和足够的警惕，从而做出客观的评价。

女儿，如果对于各种夸赞都只是一味地接受，那么很容易就被别人的几句奉承话给迷惑了，给"夸"得轻飘飘，不知道所以然，最终上当受骗。在现实生活中，不只是像朵朵这样纯真、年纪小的小女孩会被花言巧语迷惑，就算是成年女性都难免因为一时的头脑发热而失去理智被骗。

2015年2月，浙江一个男性路上偶遇漂亮的女老乡，心生歹意，大献殷勤，设计请其吃饭并骗至宾馆性侵。

2015年2月，湖南一个22岁的姑娘在等长途客车回家时，客车因故不能按时发车，卖票男子龙某借机与姑娘搭讪、大献殷勤，哄骗姑娘开房等车。结果在房间里对其进行了侵害。

看看这些触目惊心的案例，我的女儿，你是否心中多了些警醒呢？爸爸希望你从中获得教训，提高安全防范意识，无论是对于来自陌生人的，还是对于来自熟人的"甜言蜜语"都要具有高度的免疫力。

当听到有人对你大肆赞美，甚至是过分吹捧时，女儿，你一定要提高警惕，仔细分辨对方献殷勤背后的动机，切不要心安理得地去接受，任由其将你夸得飘飘然，失去判断的理智，最终落入坏人的圈套中。

除此之外，在遇到有人无事献殷勤时，还可以从以下几点去防范：

1.远离莫名夸赞你的陌生人

女儿，如果你遇到陌生人满口夸赞或者奉承你时，一定要心存戒备。你可以假装听不见，听不懂，尽快而不失礼貌地远离他们。不要出于礼节而过多地与他们交谈，更不要有问必答，以免言多必失，泄露自己的隐私和处境，让对方有机可乘。

2.谨慎对待异性朋友或者熟人的殷勤

女儿，不要以为能够对你造成威胁的只是陌生人，事实上很多案件恰恰是熟悉的人做的。因为人们往往对熟人更容易不设防，对他们过于信任，反而使他们乘虚而入。所以，面对熟人，尤其是异性的过分夸赞时，你也一定要小心。

3.不要随便答应对方的请求或者邀约

在过分殷勤的背后往往会跟随着一系列的请求。我的女儿，如果你碰上这样的人，千万不要因为不好意思，抹不开面子而答应对方。告诉对方，你还有自己的事情，或者爸爸妈妈在等你，果断拒绝。更不要跟随他们进入宾馆、住所房间等封闭的空间，这种环境下，一旦遇险，你将很难逃脱。

陌生人搭讪、问路要警惕

女儿，在聊到这个话题之前，我相信你曾经也有过被陌生人问路的经历，并且也帮助其指过路。这些貌似不起眼的小事，其实也是有一定的危险性的。今天，爸爸跟你聊的这个案例就是由给陌生人指路而引发的。这本是一件寻常的小事，然而却有着一个残忍的、令人发指的结局。

2014年6月的一天傍晚，12岁的香香像往常一样骑着自行车去往学校上晚自习。她一边欢快地唱着歌一边飞快地蹬着自行车，突然感觉身后有一辆黑色的轿车紧紧地跟随着自己。香香放眼向四周望去，发现马路上没有一个行人，她的心里顿时有些慌张。

她刚想快骑几下远离这辆车，就在这时却听到一个女人温柔而虚弱的声音："小姑娘，麻烦问个路。"原来是个女的，香香悬着的心稍稍平静了一些。她缓缓地停下自行车，往车里看去，发现副驾驶座上有一个化着精致妆容的女人正皱着眉头，痛苦地看向自己："小姑娘，请问去医院怎么走啊？我是来这里旅游的，突然胃疼得厉害，我不认识去医院的路，你能告诉我吗？"

听到这里，香香的戒备心彻底放下了，她很关切地说："你从这条路一直往北开，到第二个红绿灯左转，然后……"女人突然打断了她，说："我是个路痴，你能靠近点儿车跟我家先生说说吗？"香香热心地说："好的。"她把自行车放在了路边，走向汽车，俯下身子对着驾驶座上的男人说道："你顺着这条路一直……"她正说着，突然从后座上下来另外一个男人，抓住香香的胳膊就往车上拉，香香大吃一惊，刚想大声呼救，这时副驾驶上的女人也下了车，捂住香香的嘴并将她推上了车。当警察找到香香时，她已经在被侵害之后永远地离开了这个世界。

我的女儿，你一定要记住，陌生人对于你来说就是一个未知的存在，无论何时都要谨慎地对待他们的搭讪和问路。不要因为对方是耄耋的老人，也不要因为对方是和蔼可亲的阿姨，抑或是因为对方是个天真无邪的小孩，就盲目地、无条件地相信对方，忘记了自身的安全。

其实，就正常的情况而言，多数人在问路的时候都会首选成年人，而不是孩子，就这一点而言，陌生人问路就足以应该引起你的警惕。

当然，如果真的遇到需要帮助指引道路的陌生人，我们还是要伸出援助之手的，但是一定要注意方式方法，切不可热心过度，以免给自己造成伤害。

1.与陌生人保持安全的距离

女儿，当你给陌生人指路时，记住不要过于靠近，要与他们保持一定的距离。你只需要远远地用手指来指点方向即可，不必在陌生人的身边告诉他。这样，万一发生了危险，你既可以避免对方突发制人，同时也为自己争取了一定的逃脱机会。

2.不要给陌生人带路，更不要上陌生人的车带路

女儿，作为热心人，适当地给问路的陌生人指引一下方向就可以了，你可千万不要主动带路，更不要坐上陌生人的车来给他们指路。当陌生人提出不认识路，不清楚该怎么走，希望你帮忙带路时，更要提高警惕。哪怕是你非常熟悉、非常近的地方也千万不要去。你可以告诉对方，如果他还是不清楚就可以提示他到下个路口再继续问别人，或者找交警询问。

3.如果对方纠缠不清，要及时向路人、交警、保安等求救

女儿，当你已经表明自己不清楚具体的路线，或者不给对方带路时，对方如果还继续纠缠你，不要犹豫，要立刻大声呼喊，引起路人的注意，或者尽快跑到热闹的人群中、交警身边、大型商场或者超市里有保安的地方，等等。

4.告诉对方用手机导航或者购买地图

现在的科技非常发达，很多智能手机都可以随时导航、搜索地图。当有陌生人向你问路时，可以提醒他们用手机自行查找目的地。但是，女儿，一

定要记住，你可不要亲自上前去帮助陌生人操作手机。

5.如果不慎被坏人带走，一定要冷静

女儿，如果不慎被陌生人强行带上车，你一定要保持冷静，不要大吵大闹，以防激怒坏人使自己受到不必要的伤害。你要默默地记下坏人的相貌特征，车牌号码，及沿途的道路和标志性的建筑物等。同时，寻找时机拨打报警电话110，或者寻找借口，比如上厕所等下车寻找机会逃跑。还可以沿途丢下自己的随身物品，引导家里人寻找和警察施救。

我的女儿，虽然社会上总是会有一些心理阴暗的坏人，但是爸爸也不希望你因此而完全避开这个世界，冷漠地对待陌生人。爸爸希望的是通过这些案例和方法，增强你的安全意识，以及自我保护的技巧，从而安全、健康地度过一生。

识别陌生人的骚扰，不上当受骗

女儿，在你成长的过程中会碰到无数的陌生人，他们有可能会向你咨询某件事情，有的时候还会找各种话题与你搭讪、聊天，爸爸希望你能擦亮眼睛，仔细识别他们的骚扰，千万不要上当受骗。

2013年4月的一天下午，风和日丽，春光无限，10岁的小兰骑上自行车来到了自己家附近的小公园里玩。正当她一圈圈地骑行时，突然来了一个骑着摩托车的男子。男子在公园门口四处观望了一会儿，径直骑到了小兰的身边问道："你认识小晴吗？"小兰被男子吓了一跳，她听到男子的话摇了摇头。男子很不可思议地看着她，又说道："你怎么会不认识小晴呢？你忘

了，你们经常在这里一起骑车、玩耍，你再仔细想想，你肯定认识小晴！”

被男子这么不断地提醒和追问，小兰似乎觉得自己的确认识一个叫"小晴"的人。她不由自主地说："哦，好像认识吧。"男子一听露出了笑脸说："我就说嘛，小晴让我来找你，你怎么会不认识她。走吧，她在××游乐场等你呢！我带你过去吧！"小兰糊里糊涂地就答应了，跟着男子顺着公路骑了很久。

男子一会儿说左拐，一会儿说右拐，很快就把小兰带到了一条偏僻的小路上，路边还有一个大大的池塘。小兰一看情况不对，刚想调转自行车头离开，就被男子一下子拽下了车，自行车也被摔出去好远。小兰吓得大叫起来，男子一把捂住小兰的嘴，将她摁倒在草地上，并且威胁道："再叫我就把你扔到水塘里淹死，让你再也回不了家！"小兰被吓得手足无措，失去了反抗能力和意识，男子趁机对她实施了奸淫。

经过警方的多方调查，犯罪嫌疑人朱某被抓捕，原来他是名奸淫幼女的累犯，刚刚刑满释放2年，就又故技重演地盯上了年幼的小兰。

对于心怀不轨的陌生人来说，为了达到自己不可告人的目的，他们常常会采用多种手法来骚扰或者蒙骗不谙世事的小女孩。比如假冒身份，就像案例中的朱某，冒充小兰认识的人的朋友，花言巧语将小兰骗到了偏僻的地方。

也有一些人可能会自称是爸爸妈妈的同事或者朋友。女儿，如果你遇到这种情况，务必要利用自己的手机，或者借用公用电话，先跟我们核实一下，千万不要单纯地听信陌生人所说的爸爸妈妈的个人信息，以及关于你的信息准确无误，就轻易地跟着对方走。要知道，这些人如果以你为目标，那必定是做足了功课的。

还有的陌生人则通过多次的搭讪、聊天，慢慢取得女孩对他的信任，让女孩自认为这个"陌生"的人已经是自己熟悉的人了，于是就放松了必要的警惕。而此时的他们却猛地伸出了恶魔的爪子。

2012年11月, 三亚就有一名41岁的男子屡次在一个10岁小女孩上学的路上与其搭讪、聊天, 当他慢慢与女孩熟识后, 将其骗至偏僻处强奸。

2016年4月, 威海市一名15岁的女孩在上学的路上, 遇到在路边开店的一个26岁的陌生男子向其求助, 她出于好心进入男子的店铺帮忙, 结果惨遭奸杀。

爸爸知道, 对于像你这样天真无邪的女孩来说, 要练就一双识别陌生人骚扰的"火眼金睛"并不容易, 也非一朝一夕之功。不过, 通常而言, 有目的、有企图的骚扰你的陌生人通常都会露出一些蛛丝马迹, 比如:

1.与你套近乎

他们会想方设法地找各种你感兴趣的话题, 与你聊天, 激起你说话的欲望, 并且不断地套取你的个人信息, 比如在哪里上学、多大了, 等等。

2.邀约外出

这些人常常跟你稍微一"熟悉"就会很"诚恳"地邀请你出去玩或者去开房, 说出的话仿佛都是在为你考虑, 其实就是想尽办法与你独处。

3.提出貌似合理, 却经不起推敲的请求

心怀叵测的陌生人在搭讪后, 常常会提出一些要求, 比如让你带路或者帮忙。这些要求看似没什么问题, 实际上如果你冷静下来, 深入思考一下, 就会发现非常不合理。就像上面案例中的女孩, 在正常的情况下, 一个年轻力壮的男子怎么会找一个羸弱的小女孩帮忙呢? 如果女孩当时能够理智一点儿, 就不会轻率地跟着这个看似熟悉, 实则陌生的人走进那间黑店。

女儿, 当你独自一人时, 如果发现所接触到的陌生人有这些特征, 请务必这样做:

1.远离他们

无论他们跟你说什么, 聊什么, 你都不要理睬, 赶紧离开他们, 向人流量大、有保安或者警察的地方跑, 比如商场、超市, 或者跑向路边执勤的交警, 等等。

2.立刻报警

俗话说：做贼心虚。这些居心不良的人是不希望被更多的人发现自己的恶劣行径的。所以，女儿，当遇到骚扰你的人时，你一定不要害怕，要战胜内心的恐惧，大声地呵斥他们，用你的气势压制他们。同时，趁机拿出随身携带的手机报警。

3.大声呼救

女儿，一旦你遭遇到陌生人的强行拖拽、拉扯，无法报警时，那么一定要大声呼救。如果是在封闭的空间，就直接喊"着火了"，这样大家都会跑出来。如果是在路上，向周围的人大喊"人贩子，快打110"，表明态度，告诉路人，你根本不认识他们，不是一起的。

4.找机会破坏路人或者店铺的物品

现在的社会，往往有的人会心存冷漠，抱有"事不关己，高高挂起"的态度。女儿，万一你遇到的路人是这种心态，那么你就要想办法破坏路人的财物，比如抢路人的手机、背包，把他们强行牵涉进来。或者破坏旁边店铺的财物，引起利益纷争，闹得动静越大越好，这样路人就无法忽视你，从而促使人报警。

我的女儿，无论遇到什么样的险情，你一定要保持冷静，不要害怕，巨大的精神力量可以给你支持，并有助于你快速想到应对的策略。

女孩不要轻易地送人回家

女儿，爸爸知道你是一个非常善良、有爱心的孩子，总是喜欢帮助别人。但是，社会是复杂的，人心叵测，爸爸希望你在助人为乐的同时也要多一些警惕，注意保护自己。爸爸说这些并不是危言耸听，在现实中真的有这样的案件发生。

2013年8月的某一天，花季少女小楠（化名）就因为盲目地"送人回家"而失去了自己宝贵的生命。

小楠是某市一所卫校的一名学生，当时的她正在市医院里实习，马上就要毕业的她憧憬着成为一名光荣的白衣天使。这天中午，她刚刚吃完饭，打算回到科室忙工作，突然发现一名孕妇在医院门诊大楼的门口抚着肚子，一脸的痛苦。小楠赶紧上前去询问，"你怎么了？要不要去医院检查一下？"孕妇艰难地抬起头对小楠说："不用了，我刚刚检查完，可能是一大早来检查，又排了一上午的队，实在太累了。"小楠说："要不，我扶你到旁边的休息室里坐一会儿？"孕妇听了这话，有点儿难为情地说："姑娘，我实在是太饿了，想回家吃饭。能不能麻烦你送我回去？""这……"小楠有些犹豫。孕妇又急忙说："我家不远，就在医院旁边，来回也就十来分钟，保证不会耽误你上班。姑娘，我也是实在走不了了，要不也不能麻烦你。你就帮帮我吧！"听到孕妇这么诚恳的话语，小楠也就答应了。

果真如孕妇所说，她家离医院并不远。小楠扶着她慢慢来到了她家，打开门，发现孕妇的丈夫张某也在。张某一见小楠她们进来，就非常热情地说："哎呀，太麻烦你了，谢谢你把我爱人送回来。我上午有急事没顾上陪她去医院，真是多亏你帮忙了，快来坐会儿休息一下吧。"小楠赶紧摆摆手说："不用了，别客气，我得赶紧回去上班。"孕妇一边拉着小楠的手一边对自己的丈夫说："你快去冰箱里给姑娘拿盒酸奶喝。这么热的天，送我回来，肯定口渴了。"拗不过他们夫妻俩的盛情，小楠只好喝了几口酸奶。

但是，喝着喝着，小楠就感觉眼前有些模糊，头也有些眩晕，她疑惑地看向那对夫妻时，却发现原本客气且充满了感激之情的两个人变得有些面目狰狞，而且那个丈夫还走上前来把她往床上拉。小楠害怕极了，拼命地想喊救命，却丝毫发不出声音来。很快，她便失去了知觉，并且再也没有醒过来。孕妇的丈夫不仅奸淫了她，还将她杀害，偷偷埋葬于郊外。

虽然案件很快就被侦破了，然而，正值青春年华的小楠却再也回不来了，她的梦想也没有机会实现了。知道了真相的人们用各种方式送别这这位善良的女孩，心中充满了哀愁和愤怒。

我的女儿，你现在知道爸爸的担忧并不是空穴来风了吧。助人为乐是中华民族的传统美德，而且我一直也是这样教育你、培养你的。但是，助人为乐一定要以保护好自己为前提。当然，爸爸的意思并不是说，让你从此就对他人的危难置之不理，从此冷漠面对世界；而是希望你能从中得到警示，提升自我保护的意识。

那么，我的女儿，如果有一天，你走在路上真的遇到有人需要帮助的话，应该怎样做呢？爸爸希望你试试以下这些更为安全有保障的方法：

1.帮忙通知家属或者直接报警

女儿，当你在路上遇到陌生人求助时，无论是孩子、老人或者是孕妇等，都不要轻易地听从他们的"指挥"，将他们送到指定的地点。你的目的是帮助他们，但是并不一定要自己来做这件事情。最理智、最安全的方式是帮助他们联系家人，或者直接拨打110、120等报警电话，让专业的人来做专业的事情。

2.送人前跟爸爸妈妈或者朋友联系，告知你的行踪

女儿，如果你的确需要送人回家，那么在送之前不妨用几分钟时间给爸爸妈妈打个电话，说明一下情况，一方面让爸爸妈妈及时了解情况，另一方面也可以对图谋不轨之人多少有些警告。如果联系不上爸爸妈妈，那么至少要告诉自己的朋友。总之，必须要确保有人知道你去了哪里，在干什么。

3.不要将人送至家中

女儿，当你送人回家，或者去到相应的地方时，千万不要孤身一人进入他们的家中或者房间，在楼下或者小区门口就与之告别。如果对方提出送上楼的要求，一定要记得拒绝，并让小区保安人员来帮忙。

4.选择恰当的路线

女儿，在送陌生人回家时，一定要注意选择热闹、人多的主干线，而不要进入僻静的小路，或者抄近路。如果求助者所住的地方比较偏僻，这种情况下你可以帮助对方想其他办法，而不要冒险前往。在帮助别人的同时，你一定首先要保障自己的安全。

5.不要随便吃对方给的任何食物或喝对方给的饮料

为了表示感谢，或者出于各种原因，在你送人的路上，或者送到目的地之后，对方很可能会给你各种各样的零食或饮料。记住，千万不要接受，不要吃，也不要喝。不要盲目地相信对方，即使对方没有恶意，我们也不应该随便接受别人的食物或者馈赠，你说对吗？我的女儿。

亲爱的女儿，爸爸说了这么多，你都明白了吗？其实，如果我们现在再回过头来看前面的案例，如果小楠在这件事上哪怕是有一点点的自我保护意识或者说防备心理，都有可能逃脱这次厄运。比如小楠不陪着孕妇回到家中，或者即使陪孕妇回了家也不喝下孕妇丈夫给的酸奶。然而，这一切都只是假设，悲剧终究发生了。女儿，爸爸希望你能通过这样的例子来提高自我保护的意识。

不要向陌生人泄露个人信息

我的女儿，爸爸相信你绝对不会有意地泄露自己的个人信息，但是，仔细想想你有没有在无意中做过这样的事情呢？比如在网上注册QQ、微信等社交聊天工具时，使用的是自己的真实信息，并且填写资料非常全面、详尽？在与陌生人聊天的时候会不会无意中透露自己的行踪？江苏一名15岁的女生就是因为这样遭遇不测的。

2013年8月的一天，15岁的小美正在家里上网，QQ对话框突然跳出，一个网名为"往事如烟"的人要求加她为好友。小美看看这个人自己并不认识就拒绝了。然而，随后的几天里，这个人仍然不停地要求加小美为好友，而且还在备注信息中留言称自己是与小美同龄的人，希望能交个朋友，考虑到只是网络上聊聊，不至于有什么太大的危险，小美就加了这个人。

之后的日子里，小美上网的时候，这个名叫"往事如烟"的人常常不停地给她发信息、聊天，每次说不了几句话就试图约小美外出，小美考虑到自身安全以各种理由拒绝了。

这天上午，小美正在上网，"往事如烟"又跳了出来，照例想方设法要约小美外出。小美被他搞得不胜其烦，就对他说自己9点钟要外出去找同学。"往事如烟"再三跟她确认小美没有骗他，小美说："真没骗你，我真是要外出去找住在××小区的同学。"

9点钟，小美准时出了门。一路上她蹦蹦跳跳地，一边欣赏着美丽的花草树木，一边哼着歌。突然，她感觉有些不太对劲，一辆白色的越野车似乎一直跟在她的身后。小美走，车就走；小美停，车就停。小美内心充满了恐惧，迈开步子就开始往前跑。看到小美跑了起来，那辆越野车也加快油门跟了上来。当车子赶上小美时，车窗摇下，一个陌生的男子冲着外面喊："嗨，别跑啊，我是'往事如烟'。"小美听到这个人居然就是网上那个不停骚扰自己的人，吓得跑得更快了，越野车则紧追不舍。小美实在跑不动了，就停下来问他："你究竟想干什么？""往事如烟"说："我不想干什么，就是想跟你说几句话。你上车来，咱们聊几句，以后我就不找你了。"为了彻底摆脱他，小美便答应了。

然而，小美一上车，车子就快速启动开到了一处偏僻的地方。"往事如烟"在车里残忍地侵犯了小美，小美奋力反抗也无济于事。

在英国，脸书有850万名用户，其中41%的人会将自己的出生日期、家庭住址、职业以及工作情况等泄露给陌生人，近一半的用户都没有意识到在社交网站上的坦诚会给自己带来安全隐患。

例子中的小美之所以会被网友盯上，就是因为在社交资料中透露了个人信息，否则对方不可能宣称自己是小美的同龄人。我的女儿，要知道这些社交工具的资料在网络上都是公开的，一旦被别有用心的人看到，你可能就有危险了。

小美不但缺乏对自己个人隐私的必要保护意识，甚至连必要的警惕心都没有。她明明很讨厌这个"往事如烟"的网友，却仍然加了他的QQ，并且在拒绝他的见面要求时，居然为了取信于他，还将自己的真实行踪透露给了他，直接将自己置于险境之中。

我的女儿，这下你明白泄露个人信息是一件存在潜在危险的事情了吧！要知道，当你的个人信息被泄露时，你就仿佛置身于一个透明的世界里。垃圾短信、骚扰电话、诈骗集团、犯罪分子都会悄然地盯上你，将你设定为他们的目标。你自己想一想，是不是感到不寒而栗呢？所以，无论何时都一定要有安全意识，要有自我保护的警觉性，千万不要向陌生人、陌生的平台泄露自己的个人信息。

随着现代科技的发展，犯罪嫌疑人也有了更多的犯罪手段和方式来获取别人的信息，爸爸希望你能远离以下这些套取个人信息的陷阱。也许你认为这些都是无伤大雅的行为，但是却很容易将你的隐私暴露在陌生人面前。

1.不随意参与网上的测试

在网络上或者朋友圈里常常流行一种测试，比如测试你的性格是怎样的、你的前世是谁、你是某热播剧中的谁，以及你的姓名代表什么样的含义、有怎样的运势等，如果想知道结果，必须填写姓名、年龄等个人信息。

表面上看，这些测试好玩又有趣，是大家自娱自乐的一种方式，实际上你的个人信息已经被毫无保留地套取了。

2.不随意参与线上线下的各种调查问卷活动

随着市场经济的发展，越来越多的商家为了提升客户体验，赢得更多的客户，总是会向人们发放一些调查问卷。有的是线下的，常常会有专门的销售人员来向路过的人们征询填写问卷。有的则是线上的，很可能你在浏览网页时就一下子蹦了出来。我的女儿，你一定要谨慎参与这些调查问卷。也许你会说，反馈一下自己的体验，让更多的人受益不是很好吗？如果你抱有这样的想法，那么至少要答应爸爸，要注意保护个人的隐私信息。

3.注册网络社交工具或平台，不填写个人敏感信息

现在的网络社交工具越来越多，而我们需要通过网络进行的活动也越来越多。当你注册网站时，记住只填写必填项目，那些涉及个人信息的内容，比如性别、年龄、姓名等等，能不填则不填。千万不要毫无保留地把所有选项都填写完整。

4.不随便扫码

随着二维码技术的普及和应用，"扫一扫"随处可见。尤其是各种商家更是做了很多"扫一扫"送小礼品的促销活动。女儿，如果你遇到这种活动，可不要只是为了领取自己心仪的小礼物就毫不犹豫地用手机扫描各种商家的二维码，甚至如实填写姓名、住址、电话等个人资料。

要知道天下可没有免费的午餐，很多时候你得到的只是些用处不大的小物品，然而给出去的却是你最宝贵的个人隐私。

5.不随意丢弃写有个人信息的纸张、书本

女儿，爸爸不知道你对带有自己的姓名、班级、学校的废旧纸张、本子、书等是如何处理的，但是你一定想不到这些东西也很可能成为别有用心的犯罪分子用来拼凑你私人信息的材料吧。所以，记得一定要妥善处理、彻底销毁，不要让别人看出这些相关信息。

陌生人递过来的饮料要当心，能不喝就不喝

　　女儿，在社会上你很可能会遇到各种各样的陌生人，或许你会跟他们聊聊天，或许跟他们谈谈事情。在这个过程中，爸爸希望你要始终把握一个原则——不要随便喝他们递过来的水或者饮料。

　　15岁的晶晶和真真一起在滑冰场内滑冰。由于经常来这里玩，所以她们的动作非常娴熟优美，很多人都看得目瞪口呆。晶晶和真真感觉很是得意。正玩着，突然有两个陌生的20多岁的男人跌跌撞撞地向她们滑了过来，其中一个说道："你们滑得可真棒，是不是专业的运动员啊？"晶晶她们感觉很突然，但是出于礼貌还是回答道："我们不是运动员，只是常来滑冰熟练了而已。"另外一个男人很诚恳地问："那你们能不能教教我们？我们滑了很久都不得其法，需要有人指导一下。"晶晶她们稍微犹豫了一下，但是看到他们一脸的真诚，看起来不像坏人，再加上光天化日之下，滑冰场中又有那么多人，怕什么呀，于是就答应了。

　　晶晶和真真分别一对一地教他们两个人滑冰的基本动作，要怎样保持身体的平衡，怎样自如地转身等等。渐渐地，他们四个人就仿佛熟人一般在滑冰场上玩得越来越开心。玩了一个多小时后，其中一个男人跑到滑冰场的小超市买了几瓶饮料回来，分别递给了晶晶和真真。晶晶和真真开心地一边说着"谢谢"，一边拿过饮料就喝了起来。

　　喝完饮料，晶晶和真真说："时间不早了，我们得回家了。"那两个男人说："好，我们送你们回去。"晶晶刚想说："不用了，你们继续玩吧。"就感觉一阵阵头晕，她模模糊糊地看到真真已经晕倒在了其中一个男人的怀里。另外一个男人也笑着向她伸出了手。晶晶预感到了危险，但是她已经说不出话来了，只能任由男人将她带出了滑冰场。

现场滑冰的人虽然多，但是看到晶晶和真真与那两个男人有说有笑的，还以为他们是认识的，并没有人发现异常。晶晶和真真就这样失去了被解救的机会。

我的女儿，你要知道，没有坏人天生就生着一副邪恶的样子。他们往往非常善于伪装，表现得真诚、友好，却无时无刻不在伺机寻找着机会。案例中的晶晶和真真就是过于轻信陌生人，才被他们友善的表面给欺骗了，最关键的是她们千不该万不该喝了陌生人递过来的饮料。

警方已经多次提醒，无论在什么情况下都不要随便喝陌生人给的水、饮料，吃他们递过来的食物等，甚至是熟人给的也未必可信，因为熟人不同于亲人。

2013年3月，广东一个15岁的女孩喝了陌生人给的饮料后，顺从地跟着他们上了长途客车，差点被拐走；

2013年12月，湖南19名小学生在放学的路上喝了同学妈妈给的乳酸饮料后中毒，事后查明这位妈妈患有精神方面的疾病。

女儿，你瞧，在这件事上存在着多么大的安全隐患啊。爸爸希望你务必要记住，无论是陌生人，还是熟人递过来的饮料，你都不要随便入口。

1.一定要喝自己亲自购买、亲手打开的水

女儿，如果你在外面口渴了，想喝饮料或者是水了，请记住一定要自己购买，并且务必要自己亲手打开，这样的饮品你才能安心地喝下去。不要随意接受别人购买的饮品，也不要觉得对方打开的是全新的瓶子就毫无戒备地喝下去。要知道，并不只是打开瓶盖才能对水做手脚。

2.中途离开再回来时，最好不要继续喝开了盖的水或者饮料

女儿，如果在喝饮料的过程中，你因为接电话或者去厕所等各种情况中途离开了，那么回来后一定不要再次饮用已经打开了盖的饮料和水。因为你无法确定，在离开的这段时间里发生了什么。

3.警惕纠缠给你饮料喝的人

女儿，如果你婉言谢绝了陌生人或者熟人所给的饮料后，对方还在用各种理由和借口继续纠缠于你，让你喝下饮料，或者吃下他给的东西。那么你就要提高警惕了，不但要严词拒绝对方，还要尽快远离对方。

4.不慎喝下药物饮品，及时报警或者与家人、朋友联系

女儿，万一你一时疏忽或者在不防备的情况下被迫喝下了掺有药物的饮料。哪怕感觉到有一丝的异常，都要立刻拨打电话报警，或者告知家人、朋友立刻来接你。如果你来不及打电话，那么就想办法向现场的人，比如服务生、邻桌等求救。制造事故、引发财物纠纷，卷入的人越多，相对而言你就越安全。

除了在饮料中投毒，有的犯罪分子还会利用零食、新奇的小玩意、含迷药的香水等来诱惑小女孩。因此，出门在外，遇到陌生人时，不但不能喝他们给的饮料，也不能吃他们给的食物，就连一些带有气味的物品也要尽量少接触。爸爸宁可你防范过当，也不希望你疏忽大意。

当心坏人，也要当心"善意出现的好人"

我的女儿，当你在外面遇到危险或者意外时，难免会心慌意乱，很容易把遇到的任何人都当成救命稻草，但是，爸爸必须要提醒你的是，千万不要轻信那些在你危难之时及时出现的人，他们并不一定都是善意的好人。10岁的樱兰就是被"好心人"的假面给欺骗了。

2013年9月5日的傍晚，樱兰与妈妈一起在火车站附近摆地摊。妈妈看到樱兰只顾着看手机，却对正在询问的客人置之不理时非常生气，不分青红皂白就对樱兰发了火。樱兰很委屈，自己一直在帮忙，只是刚刚看到同学的消息想回复一下，就被妈妈给骂了一通。与妈妈争执后的樱兰一气之下离开了摊位，心里愤愤地想："如果我消失了，看你害怕不害怕，着急不着急！"

樱兰一个人百无聊赖地在火车站附近四处溜达着，不知不觉中夜色降临了，街上的商店都纷纷关了门，行人也逐渐稀少起来。樱兰心里有些害怕了："不行，我得赶紧回家去。"她凭借记忆来到妈妈常带她坐的公交车站，结果发现因为时间太晚，公交车已经停运了。樱兰有些慌了神："到底该怎么回家呢？对了，好像妈妈跟我说过有一辆夜班公交车可以坐到家附近。"樱兰边想边急急忙忙赶到了这辆夜班车上，夜班车上没有什么人，樱兰独自坐在了座位上，心里盘算着到站的时候问问路人该怎么回家。

当夜班车在一个站点停车后，上来了一个40多岁的男子，径直走过来坐在了樱兰的身边。樱兰看看这个男子比较和善，于是壮起胆子问："叔叔，您知道到××站的时候怎么去××小区吗？"男子转过头仔细端详了一下樱兰，笑着说："你是不是找不到回家的路了？我的车就放在下一站，到时候我开车送你回家吧。"樱兰有些迟疑，男子又说道："我一看到你啊，就想到了我的女儿，放心吧，我一定会把你安全地送回家的。"听到这些话，樱兰心中一阵欣喜，"看来是遇到好心人了"。她开心地连声说着"谢谢"。

夜班车到站后，樱兰就跟着男子一起下车，并上了男子的车。走着走着，樱兰发现怎么街边的建筑物越来越少，而田野却越来越多？樱兰感觉到有些不对劲了，她大声嚷嚷起来："我要回家！"男子一边开车一边安抚樱兰说："我是带你回家啊，这条路近，一会儿就到了。"然而，所谓的"好心人"送樱兰回家最终却是一场莫大的骗局。樱兰被他带到了一处非常偏僻的路段，在威胁和恐吓中被侮辱了。失魂落魄的樱兰回到家时已是凌晨2点钟了。

看到了吧，我的女儿，并不是所有标榜自己是好人的人就一定是心存善意的。有的陌生人的善意让人倍感温暖，而有的陌生人的"善意"却暗藏陷阱。你一定要擦亮眼睛，时刻保持警惕。

在现实生活中，有些女孩就是因为被"好心人"的面具蒙蔽了眼睛而遭遇了伤害：

2013年8月，陕西一个女孩在路上打车时，遇到一个骑电动车的男子好心要将她送到目的地。女孩见其面善就上了车，结果被拉到一条偏僻的小路上，在玉米地里遭受了性侵。

2016年4月，贵州12岁的女孩独自离家出走寻找亲生母亲，一位"好心"的大叔声称认识女孩的妈妈，并愿意带她去寻找，结果却意图将女孩拐骗回家。

俗话说：知人知面不知心。我的女儿，当你遇到困难或者烦恼时，如果有人突然非常善意地出现在你的面前，并且声称能帮助你解决一切问题时，爸爸希望你能保持冷静，不要盲目地去相信他们。爸爸希望你在寻求帮助时，能够尽量采用以下的方式：

1.寻找专业人员帮助

女儿，如果有一天你迷路了，或者遇到了困难，那么一定要记住，最值得信赖、最有安全感的就是警察、派出所这些专业的人员和机构。找到他们寻求帮助，他们一定会把你安全地送回家，或者帮你联系到爸爸妈妈。

2.直接打电话向家人求助

牢记爸爸妈妈、朋友的电话，当你不知道回家的路，或者遇到问题时，可以去找公用电话亭或者大型商场等处的公用电话来联系爸爸妈妈、朋友，告知自己的位置。记住，一定要请熟悉的人来接自己，而不要随随便便搭上所谓"好心人"的车。

3.搭乘公共交通工具回家

女儿，如果有一天，爸爸妈妈因为有事无法开车来接你，那么你务必选择乘坐公共交通工具回家，而不要随手就去打车。尤其是夜幕降临时，更不要一个人上出租车。

4.不要轻信"好心人"，更不要跟着他们走

在你遇到问题的时候，不要随意跟着"好心的"陌生人四处走动，寻找回家的路，更不要轻易听信他们的话，任由他们开车带你寻找。找个借口摆脱他们，去找警察来帮助你联系到爸爸妈妈。

5.不要与路上偶遇的"好心人"畅聊

女儿，无论何时都不要随意与路上遇到的充满善意和关怀的陌生人谈起自己的私人信息，或者过多地谈起自己的烦恼和想法。要知道，很多时候"说者无意"，但是却"听者有心"。

如果你情绪不好，想找个人聊聊，那么爸爸妈妈就是你最好的倾听者。如果你希望与朋友聊一聊，那么就去找你的闺密小伙伴吧。不要被陌生的"好心人"给迷惑了，轻易地将自己的境遇和盘托出。

女儿，如果某一天，你被某个陌生人"善意"地关注到了，礼貌地对他说"谢谢"，但不要轻易接受他的帮助。为了自身的安全，保持一份警惕和小心吧。

乘坐电梯时要注意哪些事情

女儿，很多时候危险就在你的身边隐藏着，如果不提高自身的保护意识，遇事缺乏警惕性，你就很难发现，就如下面的这个案例。上学放学，乘

电梯回家，本是多么平常的一件事，但是一旦被犯罪分子盯上却也是危机重重。

2014年3月的一天下午，12岁的小叶放学回家。走进小区的电梯，小叶刚刚按下自己家住的16楼的按钮，就有一名男子随后进入了电梯，并按下了15楼的按钮。小叶打眼一看，感觉这个男人有些眼熟，刚刚在公交车上好像遇到过，心中不免有些疑惑。

15楼到了，男子走了出去，小叶悬着的心稍稍放下了。电梯运行到16楼，小叶刚想出去，突然那个男子出现在了电梯口，一把将小叶拖了出去，并用一把小刀抵在了小叶的脖子上，不但搜走了小叶身上的钱，还试图非礼小叶。

为了阻止小叶反抗，男子使劲掐住小叶的脖子，小叶假装晕倒后，男子又拉开她的外套说要拍裸照，小叶一听就激烈反抗。在推搡的过程中，小叶的鼻子受了伤，鼻血沾了男人一手，男人看到她受伤了就停止了对她的侵犯，但仍然纠缠不休。

两个人僵持了1个多小时后，天色渐渐暗下来。为了能够尽快脱身，小叶提议男子放她回家，明天给他带更多的钱。男子犹豫了一会儿，最终答应了。两人约定第二天在公交车站见面交钱。临走前，男子还不忘恶狠狠地威胁小叶："回家不许告诉别人，如果明天不把钱带来，我就天天跟踪你，并且杀了你全家！"

小叶假装被吓到了，对男子提的要求满口答应。但是，一等自己安全到家，小叶立刻就把自己的遭遇告诉了爸爸妈妈。一家人连夜去了派出所报案。

第二天，当男子按照约定等着小叶来给他送钱时，等到的却是冰冷的手铐。

我的女儿，看到这儿，你有什么感受？是不是顿时觉得没有了安全感，以后上学放学都要与同学们结伴而行？那爸爸必须要恭喜你，我的女儿终于意识到了自我保护的重要性，懂得利用周围的朋友来互相帮助、互相支持了。

案例中的小叶所遇之事非常危险，但同时，爸爸又不得不说，小叶真的算是幸运的。因为她遇到的不是一个丧心病狂、罪大恶极的犯罪分子，这个男人并没有想过度地伤害小叶。否则，小叶根本不可能全身而退。电梯遇险的事情，并非只发生在小叶一个人身上。

2014年12月，深圳的一名8岁女孩在某商场的电梯里，遇到了一个61岁的老人，结果被其骚扰猥亵。

2015年12月，北京某小区一名7岁女孩独自乘坐电梯时，遭到了一个陌生男子的猥亵。

电梯作为一个封闭狭小的空间，很容易成为犯罪嫌疑人实施不法行为的场所。所以，我的女儿，当你乘坐电梯时，一定要注意以下几点：

1.站在靠近门边以及电梯按键的地方

女儿，乘坐电梯时，最好是站在电梯门边，靠近楼层按键的地方。万一遇到危险，你可以把所有楼层的按键都按下。这样电梯会停靠在每一层，不但给了你逃跑的机会，也增加了被人发现获救的机会。

2.乘坐电梯时，保持警惕

乘坐电梯时，千万不要戴上耳机听音乐，也不要痴迷于看手机或者看书。要随时注意周边情况和同时乘坐电梯的人，时刻保持警觉。

3.小心观察电梯里的人

女儿，当你等候的电梯到达时，如果里面有且只有一个男人，而且神色可疑。那么，一定不要上电梯，你可以假装临时有电话要接，或者忘记拿东西等等，马上走开，等候下一趟电梯。

如果没有可疑的人，也切记不要背对着电梯里的人。按楼层时，可以先等其他人按完电梯后你再按，注意观察紧挨着你的楼层的人是否认识，有无可疑之处。

4.不要在电梯里寻找房门钥匙

女儿，当你放学回家，站在电梯里时是不是有时候会翻找钥匙？如果你之前有这个习惯，那么现在可千万不要再这样做了，否则很容易被犯罪分子识破家里无人，从而发现有机可乘。

5.遇险及时利用电梯电话报警

女儿，每部电梯中都会有一部报警电话，当你乘坐电梯时，要注意观察它们的位置，一旦遇险就立刻用报警电话求救。

6.有人跟踪怎么办

女儿，如果你走出电梯时，有人跟在你的后面也走了出来。那么，你不妨放慢脚步，让对方先走。如果对方一直跟随着你的脚步，你不要慌张，站在家门口大声喊："爸爸（妈妈），快点儿开门啊！我回来了！"哪怕家里并没有人。如果对方还没被吓跑，你可以假装找钥匙，趁机用手机报警。

夜晚出门，找人陪同，即使离得很近

女儿，还记得有一天晚上，你要到隔壁一幢楼的同学家去玩耍，爸爸要求送你却被你很不高兴地拒绝了吗？那时候你可能觉得爸爸是在小题大做，那么近的距离，又是在小区内，怎么可能有危险？其实，现实的残酷和凶险往往是你意想不到的。

2015年12月5日晚上7点左右，10岁的盼盼正在家里写作业，写着写着发现自己的作文本用完了。于是，她跟妈妈说了一声就走出了家门去超市买本子。

盼盼所住的小区里就有一家小超市，她常常自己去买文具用品，因此这次也很自然地就独自一人出了门。盼盼很顺利地买到了自己所需要的东西，开心地往家走。走着走着，突然隐隐约约感觉身后跟了一个人，盼盼回过头发现是一个戴着帽子，穿着黑色衣服的男人，因为天色太黑，看不清脸色。盼盼安慰自己，可能只是小区里的住户，于是壮起胆子继续往自己家的方向走去。到了单元门口，盼盼悄悄回头看了看，发现男人不见了，于是她长长地吐了口气，按响了家里的门铃，打开单元门走了进去。

可是，就在盼盼准备关上单元门的时候，那个黑衣男人却突然不知道从什么地方冒了出来，强行拉开了门。他一进了楼道就一把抱住了盼盼，将她推到楼道的墙角处，并试图脱下她的衣服。

盼盼吓坏了，她拼命地挣扎，并且本能地用脚狠狠地踢了男人一下。趁着男子因痛松手的瞬间，盼盼快速冲出了单元门。吓坏了的盼盼一路狂奔回到了小超市中，并把自己的遭遇告诉了超市老板。后来，超市老板给盼盼妈妈打了电话，让她来接女儿回家。

女儿，你瞧，就是到小区的超市买个本子，居然也能遭遇到这种事情。你在匪夷所思的同时，是不是对爸爸的担忧有所理解了呢？对于女孩来说，真的是再怎么小心都不为过，尤其是当夜幕降临时。因为，你的一时疏忽很可能会酿成大错。

女孩晚上单独出门有着很多不确定的危险因素和安全隐患。就像例子中的盼盼，爸爸想，她之所以能草率地独自一人出门，一定是曾经这样做过很多次都没有问题，也正因为如此，妈妈才会放心地让她自己去超市。然而，一万次的幸运并不代表永远的万无一失。这种危险遇到一次就足以让人悔恨终生。

所以，我的女儿，一定要记得，无论多么近的距离，无论是什么样的事情，夜晚尽量能不出门就不出门。如果实在必须要出门，那么一定要结伴而行。你可以请爸爸妈妈、亲戚朋友来陪你。如果是同学一起出门，那么女孩至少要3人以上，而且最好是有可靠的男生陪同。

另外，还要注意从以下几点来进行必要的防范：

1.告知父母，保持信息畅通

女儿，如果是与同学朋友夜晚外出，一定要告诉爸爸妈妈具体的行程路线，以及返回的大概时间，并随时保持联系。这样一旦发生特殊状况，爸爸妈妈就能及时联系并寻找到你。

2.选择恰当的路线

女儿，夜晚出行时，一定要尽量选择灯光明亮、行人较多的路段。千万不要贪图一时的便捷而走偏僻的、没有灯光的小路。更不要去僻静的公园、树林、河边等地方玩耍、散步，哪怕是结伴而行。

3.时刻保持警觉

女儿，夜晚外出时，要随时注意观察周围的动静。不要心不在焉，更不要戴耳机、煲电话粥。一旦发现有人盯梢或者纠缠，要快速向灯光较亮、行人集中的地方跑，并大声呼救，让更多的人注意到你。

4.不要与陌生人距离太近

当你发现有人靠近自己时，立刻走开，远离他们。既不要主动搭讪，也不要回应对方，更不要激怒对方。一旦感觉不安，不要犹豫，果断拿出手机拨打报警电话。即使警察无法瞬间赶到，也会让犯罪分子有所顾虑。

女儿，俗话说：小心驶得万年船。你千万不要小瞧这些安全措施，做好应对的准备，提前防范，才能帮助你远离危险。

第五章

早恋是美好的，
但结果往往是苦涩的

女儿，爱情是人类永恒的主题，它是甜蜜而美好的。然而，青春期的爱情则像一枚未成熟的青苹果，苦涩无比，摘下它，有时候还会给自己带来伤害。所以，女儿，还是与它保持一份距离，等到瓜熟蒂落时，再去品尝它的甜蜜吧！

与男生交往要保持距离，把握分寸

女儿，你长大了，有许多自己的好朋友，爸爸由衷地为你感到高兴，却也不免有些担心。爸爸担心你与男生交朋友的时候，把握不好尺度，可能会给自己带来伤害！看了下面的事例，你会明白爸爸的良苦用心！

嫣嫣的父母在外经商，常常不在家，为了解决后顾之忧，他们将13岁的嫣嫣送到某寄宿制中学就读。

由于缺少父母的关爱和家庭的温暖，嫣嫣将目光投向了周围的男生，想从他们身上寻求情感安慰。同班同学小杨见嫣嫣长得漂亮，频频向她示好，并给予关心，嫣嫣觉得小杨对她"真的特别好"，便与他越走越近，两个人不久就发展成为"男女朋友"。

成为"男女朋友"后，小杨要求嫣嫣与他发生性关系。嫣嫣开始的时候很抗拒，但是经不住小杨软磨硬泡，心一软还是答应了。两个人趁着节假日，多次在嫣嫣家中发生了性关系。

平时，两个人通过聊天、视频等方式一慰"相思之苦"。随着时间推移，小杨对嫣嫣的控制欲日益增强，嫣嫣只要和男同学说话，就会招来小杨蛮横的殴打。嫣嫣想要分手，小杨就会威胁要将她的裸照发到网上去。嫣嫣不知如何摆脱小杨的纠缠，只好多次用自杀、自残等方式来宣泄自己的恐惧。

直到后来，嫣嫣的母亲在查看嫣嫣的手机时，才发现了小杨的威胁短信，她连忙告诉了嫣嫣的父亲，两个人愤然去派出所报警，这才将小杨抓获。

对于女孩来说，发生这样的事太令人痛心了！嫣嫣没有把握好与男生相处的尺度，超越了友情的界限，结果给自己造成了难以抚平的伤痛！

女儿，看到这个案例，爸爸真是太揪心了！嫣嫣原本是天真烂漫的少女，应该快快乐乐、无忧无虑地生活下去，可是她一时冲动，给自己种下了苦果，爸爸绝不愿看到同样的事情发生在你的身上。因此，在与男生交往的问题上，爸爸应该给你一些忠告和建议。

女儿，对于你与男生的交往，爸爸一直格外地关注。当你进入青春期以后，随着生理特征的变化，情绪和情感也会产生很大的波动，你在心理上会对异性充满好奇。这种对异性的好奇很容易演变成一种自然的倾慕，从而产生感情的萌芽。面对感情的萌芽，如果你把握不好自己，超越了友情的界限，就会盲目地开始一场"恋爱"。

女儿，爸爸知道，青春期的感情对于你们女孩来说是浪漫而美好的，但是这种感情恰恰也是脆弱和危险的。一旦你踏入感情的泥沼，不仅会浪费精力、荒废学业，更严重的是，如果你像嫣嫣那样做出了不理智的行为，那么到头来必将会悔恨终身！

女儿，说了这么多，爸爸对你的忠告就是：当你的心智还不成熟，不能很好控制情感的时候，一定要与男生保持距离，在与男生交往时，务必要保持理智，把握好分寸，千万不要让冲动的火焰灼伤了自己！

女儿，下面是爸爸给你的一些建议，希望在异性交往的问题上能为你提供有益的帮助。

1.与男生交往要自然适度

女儿，与男生交往时，你的言语、表情、举止动作应该自然流畅、大方得体，既不过分夸张，也不矫揉造作。要知道，青春期的男生是很敏感的，如果你的言行不恰当，很可能引起他们的误会和遐想，这样一来就会为错误的情感埋下种子。

2.与男生交往要留有余地

女儿，你可以像对待同性朋友那样真诚地对待异性朋友，但是说话做事一定要留有余地，不能"亲密无间"。在与男生交往时，你一定要回避情感、爱情等敏感话题，也要避免特殊的目光接触，更不要与对方进行身体接触。虽然你没有戒心，把男生当作"哥们儿"，可是他未必这么看，很可能会认为你在向他示好，这样就很容易将你置于情感的旋涡之中。

3.多参加集体活动

女儿，你应该多参加一些集体活动，集体活动既可以让你了解男生，与男生适当交往，又避免了与男生单独接触，从而大大降低情感发展的可能性。通过集体活动，你能够广泛地结交两性朋友，接触的男性、女性朋友多了，你自然就会调整自己的性别认知，很好地面对和处理异性交往问题了。

4.多与爸爸妈妈沟通交流

女儿，在与男生交往时，一旦你产生了萌动的情感，不妨与爸爸妈妈多沟通交流。我们都是从青春期走过来的，你所遇到的情况，我们当年可能也遇到过，所以我们能理解你的情感，不会去批评你，反而会为你提供建议和帮助。

女儿，正常的异性交往是你心理发展的需要，也是你走向成熟的必然经历，爸爸希望你恰当地与男生交朋友，吸取对方的长处，塑造出健康、坚强、优良的品质！

分清青春期的友情与爱情

女儿，友情和爱情都是人类最珍贵的情感，但是对于青春期的你们来说，常常会混淆友情与爱情的界限，这将给你们的学习、生活带来很大的困扰，下面这个女孩就遇到了这种"麻烦"。

小娜和小伟是烟台市某高中的学生，高二分班时，两人成了同桌。小伟很帅，个子高高的，嗓音很有磁性，英语口语说得极好，成绩在班里名列前茅。小娜有了这样一位同桌感到非常高兴和自豪，她希望小伟能成为自己最好的朋友。小娜对小伟特别关心，常常给他带好吃的，而小伟对小娜也很好，在她生病的时候，还主动去为她补课。渐渐地，小娜觉得小伟似乎挺喜欢自己的，因为她感觉小伟看自己的目光总是深情的，对自己说话的声音也总是很温柔。

后来，令小娜痛苦的事情发生了：老师前些日子重新安排座位，由于小伟个子高，就调换了他的座位，安排他坐在最后。当时小娜心里有些不舒服，但还不觉得怎么样。第二天这种不舒服就上升为坐立不安、注意力不集中，老想回头看，每次都希望能与他对视，否则一天都觉得无精打采。过了几天，她心里开始充满嫉妒、焦虑和烦躁，因为她觉得小伟看他现在的女同桌眼神也是那样深情，他们下课还常常不分开，那个女生总缠着小伟讲题。看着他们高兴的样子，小娜心很痛，她问小伟"是不是不喜欢她了"。小伟对她说，自己只是把她当成好朋友，并没有特殊的感情，让她不要胡思乱想。自此以后，小娜每天都失魂落魄的，动不动就哭，直到一学期过去了，才慢慢有所好转。

小娜的痛苦来源于误将友情当成了爱情，这种"误会"会影响身心的健康发展，女孩们应该对此引起注意。

女儿，小娜的这种情况在青春期的女孩当中并不罕见，发展异性同学之间的友谊本来是正常的，也有助于女孩自身的心理成熟，但是如果在交往过程中没有把握好言谈举止的分寸，或是错误理解了对方的态度，就很容易像小娜那样混淆友情与爱情，给自己带来困扰和伤害。所以，女儿，你应当正确认识和分辨这两种感情，帮助自己平稳、顺利地度过青春期。

女儿，友情与爱情虽然有相似之处，但是本质上是截然不同的。友情是同性、异性之间真挚、纯粹的情感，爱情则是异性之间甜蜜、热烈的情感。友情的支柱是理解，爱情的支柱则是感情；友情的地位是平等，爱情却要一体化；友情是开放的，爱情则是封闭的；友情的基础是信赖，爱情的基础是吸引；友情充满了充足感，爱情则充满了欠缺感。

女儿，当你了解了友情与爱情的区别，就可以用它来审视自己的内心，正确地辨别友情和爱情。在友情和爱情的岔路口上，你要把握好自己的情感，将异性交往保持在友情的范围内，不要让友情过界，演变为不应当发生的"爱情"。

1.端正与异性交往的动机

女儿，正常的异性交往，能够使男女生之间发生一定的互补，吸取各自优点，更好地完善自己的性格。但是，有些女孩与男生交往的动机不纯，不是以互相学习、互相促进为目的，而是以所谓的"爱情"为目的，这样的"友情"一开始就变了味。因此，要想和男生保持纯洁的友谊，首先要端正自己的动机。如果你对自己的感情有疑问，把握不好交往的动机，那么，尽量还是不要开始这样的"友情"。

2.与异性交往要注意礼仪

女儿，与异性交往的时候要注意礼仪，千万不要做出让对方尴尬，甚至心猿意马的不当之举。首先，态度和言行要有节制，做到自然大方，热情而不轻浮，大方而不庸俗；其次，穿着要整洁、大方、得体，避免薄、露、透等过于短小、暴露的衣服；最后，防止与异性发生身体接触，避免做出超出异性交往范围的举动。

3.与异性不要越过友谊的界限

女儿，你们正处于青春易冲动的时期，感情的到来很多时候都是身不由己的，男女生之间本来是纯粹的好朋友，谁知不知不觉心里就产生别样的感情了。这个时候，你要冷静地想一想，试着控制好自己的感情，既不要轻易向对方表白，也不要轻易接受对方抛来的"橄榄枝"。要知道，友情无论对于任何性别、任何年龄的人来说都弥足珍贵，它就像松柏四季常青；而爱情对于你们这个年龄来说，显然是不合适的，它就像镜中花、水中月，既不真实，也不稳定。所以，还是不要轻易越过友谊的界限吧。女儿，友情的天空是蔚蓝、晴朗的，而爱情的天空却阴晴不定，何必过早接受风雨的洗礼，还是在晴朗的天空下享受阳光的温暖吧！

青春期的爱情萌动很正常，不必有负罪感

女儿，当青春的乐章响起，一种青涩、美好的情感可能会在你的心里悄然萌动，对于这种情感你也许会感到烦恼、不安，甚至会有些许的负罪感。下面这个女孩的情感心理，就很有代表性。

16岁的文文是山西徐州某高级中学的学生。她是个活泼开朗的女孩，学习很努力，成绩一直排在年级前5名，深得老师的喜欢，同学们也很佩服她。可高一下学期，她整个人好像都变了，变得心事重重、沉默寡言，学习成绩也一落千丈。文文的爸爸妈妈察觉了女儿的变化，决定和她好好谈谈心。通过和爸爸妈妈的促膝谈心，文文说出了自己的"烦心事"。

高一下学期的一天，文文在操场上观看学校的篮球比赛，她特别喜欢其中一个男生的投球姿势，每当他投进一个球，她就大声为他喝彩、加油。从那天以后，文文天天去操场看那个男生打篮球，她发现自己喜欢上了那个男孩。后来，文文又发现那个男生经常早晨在操场上练篮球，为了能见到那个男生，文文也常常一大清早就到操场学习打篮球。

渐渐地，文文发现自己"爱"得越来越深，欲罢不能，这种感情让她心里充满了负罪感，她认为早恋的都是坏孩子，而自己一向是老师和家长眼中的好孩子、乖乖女，产生这样的感情真是太不应该了。随着情绪的波动，文文的性格也渐渐发生了变化，成绩自然也落后了很多。

最终，爸爸妈妈发现了文文的这种变化，多次和女儿促膝谈心。在爸爸妈妈的开导和帮助下，文文明白了这种情感萌动是正常的，也懂得了如何处理这种感情，渐渐地她又露出了灿烂的笑容。

文文这个年龄的女孩，很容易对男生产生别样的情愫，这是十分自然和正常的，女孩们应该坦然去面对它，不必为此而感到烦恼和羞愧。

女儿，文文心中的爱情萌动，许多青春期的女孩都曾经感受过。这种爱情萌动一方面促使女孩不断丰富和发展自己的情感世界；另一方面也给她们平静的学习生活增添了一些困扰和烦恼。面对情感的变化，有的女孩不知所措，她们认为"爱情"影响了自己的学业，把自己变成了"坏女孩"，从而产生自责、忧郁、焦虑等负面情绪，甚至还会产生些许的负罪感。事实上，爱情萌动是青春期的象征，是这一年龄段女孩特有的一种情感体验，它是自然而然到来的，无须为此苦恼，更不必有负罪感。

女儿，进入青春期的女生，随着生理、心理不断走向成熟，情感世界发生了一系列显著变化，对男生会产生强烈的好奇心与新鲜感，渴望接近男生，获得男生的注意，甚至可能发展成为对男生的爱慕与好感，逐渐形成爱情萌动心理。爱情萌动心理与成年人的爱情是不一样的，与早恋更是有本质上的不同，它是男女生之间相互吸引、真挚、纯洁的情感，对于女生的自我认知和人格完善都具有十分重要的推动作用。因此，女儿，如果你产生了这种情感，那就坦然面对它吧，千万不要被负面情绪所左右！

女儿，看了前面这些，你是不是对青春期的爱情萌动有了一些新的认识，但是，当你真正面对这种情感的时候，可能还是会感到茫然无措。那么，究竟怎样做才是既积极又理性的呢？对于这个问题，你可以参考下面的建议。

1.将情感转变为学习动力

女儿，青春期是学习的黄金时期，许多女孩认为这个时候的爱情萌动会影响学习。事实上，只要处理得当，这种情感不仅不会影响学习，反而会成为学习的动力。正如罗素在《我的信仰》中所说的，"高尚的生活是受爱的激励并由知识导引的生活"，只要你能以理性的思维摆脱负面困扰，以欣赏的眼光吸取对方身上的优点，就能从中获得积极的力量，将对异性的爱慕之情转化为努力学习、自我进取、自我发展的强大动力。

2.转移对情感的注意力

女儿，作为学生，你们的生活环境比较狭窄、单一，在这种环境下，情感的波动和变化显得特别"令人瞩目"，很容易造成强烈的心理冲击。要想减少或是降低这种心理冲击，最好的办法就是转移对情感的注意力。你可以积极地参加班级和学校的各种活动，比如文艺活动、体育活动、科技活动等，也可以广泛发展自己的兴趣爱好。总之，只要你把学习之外的精力和时间放在追求高尚的精神生活、丰富文化知识、强壮体魄上来，你的生活将会变得更加丰富多彩，情感上的困扰也就自然而然地消失了。

3.开阔自己的眼界和胸襟

女儿，当你们面对爱情萌动的时候，之所以会感到纠结痛苦，很重要的一个原因是你们的阅历比较浅，胸襟不够开阔，对待感情问题容易偏执。对此，你不妨结交同龄的朋友，扩大自己的朋友圈子；与父母长辈沟通交流，汲取他们的人生经验；阅读各种有益的书籍，提高自己的思想境界；游览祖国的大好河山，拓宽自己的视野。通过这些有效的办法，你就能开阔自己的眼界和胸襟，走出情感的牛角尖。

女儿，青春期的爱情萌动是一种别样的人生体验，只要你正确、积极地去面对它，它就能成为美好的片段，永远留存在你的青春记忆之中。

把纯真的情感埋在心底，不要踏进"早恋"的旋涡

女儿，如果说青春是首歌，那么早恋就是其中变奏和谐的音符，早恋的情网脆弱而纤细，沉迷其中常常会自食苦果。看看下面这个女孩吧，她的痛苦就是早恋造成的。

小欣和小峰是贵阳市某中学高三年级的学生，两人从初中起就是同学，有很多共同语言，经常在一起谈理想、谈人生，并讨论许多学习上的问题，相处得特别愉快。渐渐地，两个人的关系由正常的同学关系发展成为了"早恋"，他们深陷这段感情无法自拔，彼此都深觉难舍难分，时常在课后、晚自习放学后亲密交谈，还会瞒着家长出去偷偷约会。转眼高三到了，同学们都如火如荼地在备战高考，小欣和小峰也相约为了高考互相约束，暂时不见面，一起努力学习。但过不了几天，小欣就难以克制对小峰的思念，总想给他发微信、打电话，情绪极不稳定，根本无法静心读书，整天迷迷糊糊的。结果，高考成绩下来，小欣落榜了。

落榜后的小欣心里很难过，她找到小峰寻求安慰。但是小峰却对她说，他的高考成绩也很不理想，父母知道了他和小欣的事情非常生气，逼他和小

欣分手，没有办法，他只好和小欣分手。

在高考落榜和失恋的双重打击下，小欣感到痛苦至极，在父母的百般劝慰下，她才走出了阴霾，重拾学习的信心，复读一年后终于考上了理想的大学。

女儿，小欣的行为是多么轻率和冲动！早恋看起来唯美、浪漫，但是，它给女孩们带来的往往不是幸福和欢乐，而是痛苦和烦恼！

女儿，对异性产生感情不是错，但是像小欣这样在不成熟的季节表白，等待她的就会是苦涩的记忆和无比的惋惜。

女儿，虽然不能武断地说早恋对于青少年全无好处，但是总的来说还是弊大于利。正如苏联教育家贝拉·列昂尼多娃所说："早恋，是枚青苹果，谁摘了，谁就会尝到生活的酸涩，而尝不到熟果的甜蜜。"可见，早恋带给青少年的主要是危害，并且这种危害是显而易见的。

下面我们来看看，早恋对你们青少年究竟有哪些不良影响。

1.影响学业

女儿，青少年时期是学习的黄金时期，应当勤奋努力、全力以赴。如果这个时期"恋爱"，必定会分散学习精力，耽误学习的大好时机，极有可能葬送自己的前途，待长大后回头看时，恐怕会追悔莫及。

2.容易出现心理问题

女儿，青少年的身心比较脆弱，一旦被恋爱问题纠缠，很容易出现各种心理问题。比如早恋中的移情别恋、失恋等现象，一些女孩往往经受不住，造成心情抑郁、精神恍惚、整天萎靡不振，或闹出情感纠纷，有的甚至轻生，等等。这些都会影响一个人心理的正常发展。

3.容易诱发犯罪

女儿，青少年涉世未深、阅历不足，做事往往感情大过理智，当理智的防线被冲动和轻率攻破时，很容易出现过激行为，从而走向违法犯罪。这会给"恋爱"双方造成极大的身心伤害，甚至会造成不可弥补的损失。

女儿，早恋是一种在"成熟"外衣掩盖下的幼稚化行为，真正理智的女孩不应该轻易涉足爱河，为自己稚嫩的心灵套上沉重的枷锁。因此，爸爸建议你把纯真的感情埋在心底，不要踏入"早恋"的旋涡。

女儿，爸爸在前面的篇章中说过，青春期的爱情萌动是正常的，你无须为此自责、羞愧，但是对于这种情感，你需要正确地面对和处理，不要让它过早地演变为"恋情"。

1.要以学业为重

女儿，正值青春的你们朝气蓬勃、激情飞扬，心中充满了远大的理想和抱负。要想实现自己的理想抱负，最重要的就是以学业为重，心无旁骛、专心致志地刻苦学习，为将来打下坚实的基础。只要你专注于学习，那些情感纠结就会变得轻淡很多，你可以将情感珍藏在心中，待到人生新的阶段到来时再将它"变现"，到那时你不仅能品尝到爱情真正的甜美，更能拥有无悔的青春。

2.要理智地面对情感

女儿，青春期的情感是不稳定的，它就像天空中的云彩变幻莫测，转瞬间会消失了踪影。因此，当你对异性的感情持续升温，甚至发热、发烫的时候，你一定要给它浇浇冷水，让感情重新回到理智的轨道上来。你不妨问问自己：学生时期的主要任务是什么？我们的感情能持久吗？这种感情会对我们的前途有什么影响？俗话说，三思而后行，思虑过后再做选择，可能你就不会盲目地发展恋情了。

3.要学会放弃

女儿，青春就像一列高速行驶的列车，目的地就是你心中的理想——也许是一所向往的大学；也许是一个喜欢的专业；也许是一份心仪的工作……沿途的风景很美，你可能情不自禁地想下车去看看，但是，你得拼命地忍住，因为那不是你要去的地方，如果你忍不住下去了，可能就会错过自己的列车，最终与理想失之交臂。所以，女儿，纵然有眷恋的泪水，你也要学会放弃早恋的"风景"，不要让它阻挡你追逐理想的脚步。

"你曾对我说，青春是首歌……"女儿，远离早恋的旋涡吧，你的青春之歌将会更加舒缓和优美！

不要相信任何人的"甜言蜜语"

女儿，"甜言蜜语"常常会令女孩子头脑发晕，从而做出不理智的行为，甚至还会将自己置于危险之中。下面这个案例，就很值得我们引以为鉴。

15岁的小岚是葫芦岛市郊区某初中的学生。2016年5月，小岚通过社交软件认识了社会青年小刚，两个人聊了一段时间，彼此印象都不错，此后，两人时常视频谈心。小刚能言善辩，经常夸小岚长得漂亮、性格好，种种"甜言蜜语"哄得小岚心花怒放。小岚觉得小刚很喜欢自己，而自己对小刚也产生了不一样的感情。

11月25日下午，小刚提出和小岚见面，小岚满怀憧憬地答应了。小刚开车来到小岚家附近将其接走。车行至公路边一处偏僻草地处停下，小刚对小岚说"咱们下车聊会儿天"，小岚看周围环境偏僻，有些害怕，不太愿意下车。这时，小刚凶相毕露，将小岚强行拉下车，意图强奸。恰巧附近有行人经过，小岚大声呼救，小刚才吓得落荒而逃。

回到家后，小岚赶忙把这件事告诉了爸爸妈妈。在家长的陪同下，小岚来到公安局报案，警方很快就将犯罪嫌疑人小刚抓获了。

小岚轻信异性的"甜言蜜语"，险些落入对方设好的陷阱，对此，女孩们一定要引起注意，千万不要被"甜言蜜语"所迷惑！

女儿，女孩们大多喜欢听"甜言蜜语"，这些悦耳动听的言语极大地满足了女孩的虚荣心，很容易让她飘飘然起来，放弃了本该有的警惕和戒心，案例中的小岚正是如此。俗话说：忠言逆耳利于行，良药苦口利于病。真正的朋友会指出你的缺点和不足，促使你不断进步和前进，而不是只会用"甜言蜜语"哄你开心。

女儿，孔子警告我们"巧言令色，鲜矣仁"，用现在的话说就是，那些善于说好话、用言语取悦别人的人，一般没有仁心。虽然不能一概而论，说他们品质不好，但是至少不够真诚。对于这样的人，你最好少与他们来往，特别是那些整天围着你转、恭维讨好你的男同学和男性朋友，你更要多加小心。

女儿，正常的异性交往和异性友谊是真挚、纯粹的，不应该掺杂着不恰当的言语。如果一个男生对你殷勤备至，不断地赞美你、恭维你，那么他与你交往的动机就很值得怀疑。一般来说，男生这样做很可能是对你产生了感情，试图用"甜言蜜语"来打动你，和你谈一场错误的"恋爱"；还有一种极其危险的情况，就是这位男生心怀不轨、居心叵测，以"甜言蜜语"为诱饵，企图对你实施伤害，案例中小岚的遭遇就是一个明显的例子。

女儿，真正的赞美和欣赏是用心灵，而不是用嘴巴，所以，远离那些甜美动听的"漂亮"话吧，不要相信任何人的"甜言蜜语"！

女儿，要想远离"甜言蜜语"的诱惑，你应该注意以下这几点：

1.结交朋友要谨慎

女儿，爸爸在前面的章节中谈到过，结交朋友不能太随意，必须加以选择，结交异性朋友尤其需要谨慎。当你与男生发展友谊时，一定要仔细分辨对方的言行，弄清楚他究竟是想和你建立纯真的友谊，还是以"交朋友"为名别有所图。对于真心想和你结成好朋友的男生，你当然可以交往，但是，对于动机不纯，满口"甜言蜜语"的男生你还是避而远之吧。特别是那些社会上的异性朋友，比如说男网友等，他们的人品、过往经历，你都不是很清楚，还是尽量不要和他们交往了。

2.不断增强意志力

女儿，青春期的女孩意志力比较薄弱，把握不好自己，很容易被别人的"甜言蜜语"所迷惑，做出令自己后悔的举动。因此，在平时的学习和生活中，你应该慢慢克服心理上的脆弱，不断增强自己的意志力。一方面，要多参加体育运动，通过登山、游泳等活动锻炼自己的意志；另一方面，要控制好自己的情感，遇到情感问题时冷静面对、理智处理，不要因一时冲动而落入对方编织的"情网"。

3.学会拒绝异性的表白

女儿，女孩的情感是细腻、敏感的，对于异性火热、甜蜜的表白，可能你会感到忐忑、兴奋，"心中小鹿乱撞"，但是，在这个时候，你的头脑不能糊涂，一定要坚决、果断地拒绝对方，不要犹豫迟疑让对方心存幻想。当然，拒绝的态度是坚决的，语言却可以有技巧一些，不要太过生硬、激烈，防止对方在言语的刺激下做出伤害你的举动。如果你处理不好这样的情况，或者是对方反复纠缠你，你一定要告诉爸爸妈妈，我们会适时地介入，帮助你处理好这个问题。

女儿，古人说："无事献殷勤，非奸即盗。"意思是说，世上不会有无缘无故的好事，这些人献殷勤的背后往往别有所图，因此对于别人的"甜言蜜语"，一定要保持头脑清醒，千万不要轻易相信！

别让所谓的爱情冲昏头脑

女儿，爱情是珍贵而美好的，但是，如果爱情的花朵过早绽放，那么它迎来的往往不是阳光雨露，而是寒霜的摧残。看看下面的案例吧，这两个中学生为了追求所谓的"爱情"，险些做出了傻事。

17岁男孩小陈和16岁女孩小张是沈阳市某县城中学的学生，由于青春期的萌动，小陈和小张在相识后逐渐互生好感，并确立了恋爱关系。两人"热恋"的消息很快传到了小张的父亲那里，小张的父亲既生气又着急，他严厉地训斥了女儿，阻止她和小陈继续来往。小张认为父亲"棒打鸳鸯"，破坏了她和小陈的"爱情"，于是和小陈相约一同离家出走，去寻找心目中的"二人世界"。

两人来到一个小旅馆住下，本来想好好地享受"爱情"，可是过了几天手里就没什么钱了。两人自知"爱情"没有出路，绝望之下决定自杀殉情。他们问旅馆的服务员"在哪儿可以买到安眠药"，这引起了服务员的警觉，服务员将这件事告诉了旅馆的老板。老板早就觉得这两个"小情侣"有些可疑，听了服务员的话迅速地报了警。

在警察的询问下，两个人说出了为爱出走的前后经过，警察根据他们提供的电话联系上了双方的父母。看着匆匆赶来，为他们担惊受怕的父母，小张和小陈都流下了羞愧的泪水。

小陈和小张为了"爱情"，选择离家出走，甚至想结束自己的生命，这种行为既幼稚又轻率！在不合适的年纪，过早地涉足"爱情"，结果往往就是伤害！

女儿，这两个孩子的行为多么令人担忧，如果不是旅馆老板及时报警，恐怕他们的生命都会遇到危险！你们正处在青春追梦的年纪，在这个敏感而又缺乏清醒认识的阶段，很容易"坠"入"爱河"，而且还可能越"陷"越深，甚至无法自拔，对爱的"痴迷"往往会让你们这样的孩子做出一些"糊涂事"，从而给自己的身心健康带来很大伤害。事实上，那些令人心动的"良辰美景""花好月圆"不过是易碎的幻影，它既不属于你们这个年纪，也不是真正的爱情。

女儿，爱情是什么？古往今来，多少文人墨客歌颂它、赞美它，给了它太多的诠释。总的来说，爱情的基本要义是关心和责任心，爱情的最终目的是建立美满的婚姻家庭，它不仅是索取，更多的是给予。美国耶鲁大学心理学家斯坦伯格认为：爱情是由激情、亲密和承诺三部分组成的。激情与生俱来，亲密是指心灵上的相互悦纳，而承诺是双方愿意对对方承担责任，并与对方保持恒久的关系。也就是说，亲密和承诺是一种后天培养的能力，它与一个人的心理成熟程度息息相关。

所以，女儿，追求爱情，一定要在身心成熟之后，千万不要过早涉足爱情，更不要被所谓的爱情冲昏头脑！

女儿，要想在"爱情"到来时保持理智，不被它弄得手足无措、晕头转向，你不妨听听爸爸的建议。

1.树立正确的爱情观

女儿，你也许读过舒婷的《致橡树》，这首诗描述了爱情的真谛：爱情不只是花前月下、卿卿我我，更应该是志同道合、相互扶持、互相促进、共同成长。爸爸希望你能够像诗中所写的那样，树立起正确的爱情观，把对异性的爱慕之情转化为学习的动力，和心仪的男生一起努力、相互帮助，共同追求心中的理想。当你们理想实现的时候，再将心中珍藏的感情取出来，这时的爱情将会像美酒一般芬芳香醇。

2.找到新的感情寄托

女儿，爱的含义是非常广泛的，而男女间的爱情只占了一席之地，爱自己、爱父母、爱朋友、爱师长……这些都属于爱的范畴。爸爸希望你不要纠结于男女之爱，而是要打开自己的心胸，将爱的阳光播撒到其他人身上，从而找到新的情感寄托。除此之外，你还可以去关爱社会上的弱势群体，比如孤寡老人、残障儿童等，通过对他们献爱心来平复自己的心绪，找到情感的释放口，这样不仅能锻炼社交能力，也能扩大视野，将个人情感升华为高级的社会情感。

3.将"爱情"保持在友情的范围内

女儿，你们这个年纪的"爱情"往往是由友情演变而来的，它虽然包含一些爱的成分，但是可能更多的是友情。所以，当你与男生互生爱慕的时候，不妨与他"约法三章"，两个人约好以学习为重，不要突破好朋友的界限，等学业有成的时候再去谈论感情。如此一来，这种情感的萌动不仅不会影响你们的学习，反而会成为你们前进的动力。总之，爸爸希望你面对"爱情"的时候，能够冷静而克制，最终将"爱情"保持在友情的范围内。

女儿，爱情这朵含苞待放的花朵，只有在清新的环境里摄入了充足的养分，才会绽放出美丽的色彩，只要你耐心等待，属于你的爱情之花必将会绚丽地绽放！

减少单独与异性同学接触的机会

女儿，正常的异性交往是你们走向成熟的必然经历，但是，作为女孩，与异性同学交往时一定要多加注意，最好少与他单独相处。看看下面的案例，你就会明白这个问题的重要性。

　　小珺和小宇是湛江某中学初二年级的学生。小珺学习成绩优异，是班里的学习委员，而小宇则比较顽皮，学习成绩不尽如人意。初二下学期，为了提高班级的学习成绩，班主任老师组织了"一帮一、一对红"活动，小宇成为小珺的"帮助对象"。在小珺的帮助下，小宇的学习成绩有了提高，两个人也渐渐变成了好朋友。

　　前些日子，小宇打篮球扭伤了脚，在家里休息。为了保证小宇的学习不受影响，小珺每天都用手机给他发作业。这天，小宇给小珺打电话，说自己有很多题目不会做，希望小珺能到他家来为他补课。小珺没有多想，就欣然答应了。

　　到了小宇家，小珺发现小宇的爸爸妈妈都不在，家里只有他一个人。小宇热情地招呼小珺进来坐，又拿出题目来向她请教。小珺拿着题目认真讲了起来，讲着讲着，忽然发觉小宇抓住了自己的手。小宇对小珺说，自己喜欢她好长时间了，今天终于有机会向她表白，希望小珺能做自己的女朋友。小珺被小宇的"深情告白"吓坏了，她连忙说道："你弄错了，我只是把你当成好朋友！"说着，慌忙跑了出去。

　　小珺本来是好心为小宇补课，谁知却发生了这样难堪的事情，所以说，女生与男生单独相处往往是不太合适的，还是能减少就减少吧！

　　女儿，小珺遇到的事情，可能其他女孩也遇到过，青春期的男生、女生之间容易产生微妙的情感变化，这种情感变化在单独相处的"特殊"环境下，极易演变为剧烈的"化学反应"，结果可能是像小珺这样的难堪，也有可能是更大的伤害。

　　女儿，对于你们来说，与男同学的交往和友谊，是一种合理的需要，它既能满足青春期生理发育和心理发展的需求，也有助于双方互相学习，克服自身的缺点和不足。但是，与异性同学交往一定要保持距离，特别是要注意与男生单独相处的问题。虽然不能说与男生单独相处一定会发生什么事情，但是这种行为总归是不谨慎的。

正值豆蔻年华的男生、女生，还无法有效控制自己的情感，单独相处时很可能会发生超越友谊的不当之举，若是男生居心不良、心怀不轨，那么女孩恐怕就会处于危险之中了。因此，女孩们应该减少单独与异性同学接触的机会，这样才能更好地处理与男生之间的关系，也才能更好地保护自己。

女儿，爸爸鼓励你与男生之间的正常交往，也希望你与男生保持健康、良好、互助的同学友谊。在这方面，爸爸想给你一些好的建议。

1.谨慎对待男生的邀请

女儿，在与男生相处的过程中，你免不了会受到男生的邀请，比如说一起参加课外活动，放学后一起回家，邀请你到他家里做客，等等。遇到这种情况，你不要不假思索欣然答应，最好问清楚有没有老师和同学在场，他的父母在不在家，等等。如果他对你发出的是单独邀请，没其他人在场，那么还是能拒绝就拒绝吧，虽然不能说他的动机一定有问题，但是这种邀请本身就是不太妥当的。当然，拒绝的方式可以委婉一些，原则上不要伤害同学之间的感情，若是遇到特殊情况也不妨向老师和家长寻求帮助。

2.多与男生在集体中交往

女儿，多参加集体活动，对于减少异性同学之间的单独接触是十分有好处的。集体活动能够为你们提供充实的文化生活，也能为你们提供与异性同学交往的正常渠道，既可以满足正常的异性交往需求，也可以扩大交往面，避免个别异性同学之间交往过密。此外，丰富多彩的集体活动还可以创设宽松的环境、温馨的氛围，激发异性同学间的相互竞争与共同进步，从而把异性同学之间的吸引力转化成奋发向上的学习动力，帮助你们健康成长。

3.与男生单独相处要保持警觉

女儿，尽管爸爸建议你减少与男生单独相处的机会，但是在实际校园生活中，完全避免这种情况也是不大现实的，比如说在老师的安排下，男女生两个人一起做值日，或是从事班级活动，等等。那么，在与男生单独相处的时候，你既要注意分寸，更要保持警觉，这种警觉并不是出于对对方的不信任，而是为了保护好自己。一旦对方发出危险的情感信号，比如说暧昧、挑逗、告白，甚至动手动脚等，你应该警觉地及时发现，然后像小珺那样果断拒绝，及时离开。

女儿，青春期是一个特殊而又敏感的时期，异性同学之间的交往既重要，又容易出现问题，爸爸希望你与男生交往时保持分寸，尽量减少与男生的单独相处，从而平稳顺利地度过美好的青春时期。

师生恋不靠谱——千万别和老师"谈恋爱"

女儿，"师生恋"看似浪漫唯美，但它所产生的影响往往是负面的。所以，还是远离师生恋的旋涡吧，千万不要被这种感情所迷惑！

小涵是苏南某中学高二年级的学生，她班上的语文老师是刚从名牌大学毕业的高材生。这位语文老师不仅长得高大英俊，而且学识渊博、谈吐风趣，讲起课来声情并茂，深受同学们的喜欢。小涵也被这位老师深深地吸引了，语文成绩飞速提高，一下子跃到班级前列。

后来，小涵发现，语文老师和她有相同的爱好——喜欢写诗。于是，在课余时间，小涵悄悄拿起笔来写了几首小诗，然后拿着自己的习作怯生生地向语文老师请教，谁知他竟像朋友一样和小涵讨论文学、漫谈人生，两人越谈越投机。从那以后，小涵经常和语文老师聊天，渐渐地，她对老师产生了不同寻常的感情。

在感情的驱使下，小涵决定向老师表白，她趁着送语文作业的机会，悄悄递给老师一张纸条，上面写着"老师，我喜欢你"。纸条送出后，小涵的心怦怦乱跳，感到十分惶惑不安。第二天，小涵取回了作业本，发现里面夹着老师的回信。老师在信中委婉地拒绝了小涵，又劝说她以学业为重，耐心等待真正的爱情到来。

看了老师的回信，小涵既感到惭愧，又有些伤心。她认真思考了几天，决定听从老师的劝导，不能一错再错。于是，她斩断了对老师的情思，全力投入到学习之中，后来在高考中取得了优异的成绩。

小涵因为崇拜老师而对他产生倾慕之情，这是许多青春期少女都曾有过的感情经历，在这种情况下，最重要的是用理智控制好自己的情感，不要被"师生恋"冲昏了头脑！

女儿，师生之间的情谊是真诚、纯洁而美好的，小涵的行为差点儿破坏了这份纯洁与美好，幸好她的老师坚守住了教师的职业道德，还给她做出了正确的引导，而小涵也是一个很棒的女孩，她虽然一时被感情所迷惑，但是在老师的劝说下，还是及时克制住了自己的感情，保留住了这份美好。所以，女儿，在与男老师相处时，一定不要越界。

女儿，你们长时间生活在学校里，除和同学朝夕相处，接触最多的就是老师了。许多男老师是十分优秀的，他们学识渊博、儒雅风趣，对待学生也很耐心负责。在女孩的心目中，男老师占据着一个特殊的位置，女孩们往往会因为崇拜而对他们产生特殊的情感，这种特殊的感情在心中悄然滋长，很可能会演变为恋情。

但是，实际上，师生之间存在诸如年龄、阅历、经验、身份等巨大的差异，导致"师生恋"很难发展为正常的恋爱关系。有的女孩因为"师生恋"而分散精力、荒废学业；有的女孩成了老师家庭的"第三者"，承受着来自各方的谴责；还有的女孩被心术不正、行为不轨的老师所玩弄……凡此种种，警示女孩子们：师生恋不靠谱——千万别和老师"谈恋爱"。

女儿，面对心中崇敬的老师，如何才能把握好感情，保留住美好的师生情谊呢？爸爸愿意为你提供一些建议和帮助。

1.不要被文艺作品误导

女儿，近年来，受一些文艺作品的影响，"师生恋"现象不断增多。这些作品过于强调爱情的权利和"师生恋"的美好，却没有强调爱的责任和义务，致使许多女孩沉迷于曲折、浪漫、轰轰烈烈的师生苦恋不能自拔。但是，日子不是凭感情过的，师生之间的恋情走向幸福的少之又少，这种恋情有违中国传统的伦理道德，很难被社会大众认可，也很难得到亲友的祝福，到头来往往是伤害。所以，还是清醒认识"师生恋"的危害吧，千万不要被那些文艺作品所误导！

2.与男老师相处要保持距离

女儿，要想避免"师生恋"的发生，平常与男老师相处时就要保持距离，不要过从甚密。也许老师与你年纪相仿，也许老师与你兴趣相投，你可能当他是兄长、是朋友，但是，不要忘记，老师总归是老师，你们之间隔着师道尊严，在老师面前一定要保持分寸。在与男老师相处时，你的衣着和言行举止要大方、稳重、得体，不要穿暴露的衣服，也不要开过分的玩笑，更不要有亲昵的动作，并且尽量避免与男老师单独相处。只要与男老师保持安全、适度的距离，就会大大减少"师生恋"发生的可能性。

3.当断则断，学会放弃

女儿，人生中有很多美好的东西，我们未必都要拥有，有时必须要学会放弃，譬如"师生恋"就是如此。师生之间的恋情是美好的，甚至是迷人的，但它缺少责任与道义的考虑，很可能会带来痛苦和遗憾。如果你对老师动了心，投入了感情，爸爸希望你能够理智起来，好好想想对不对、该不该，然后果断地放弃这段感情，也许放弃会让你一时伤心难过，但是，从现实来看，无论是对你还是对老师都是最好的选择。要知道，放弃也是一种爱，它会使你的人生更加美好和丰富，也会使你的人格更加成熟和闪光。

女儿，青春是人生的关键时期，绝不该被恋情困扰，即便产生了师生恋情，也应该埋在心底，珍藏起来，等到你真正成熟、懂得爱的时候，再来重新审视这段感情，这样才会终生无悔！

第六章

正确对待性萌动，
不要试着尝禁果

　　女儿，性和爱情一样是人类永恒的主题，且主宰着人类的繁衍生息，它神秘，而又充满诱惑。如果说青春期的爱情像一枚青苹果，那么青春期的性更像是一枚禁果，它不仅苦涩无比，偷吃它，还可能会遭受惩罚。

　　所以，女儿，这一时期，要抵制住诱惑，任何情况下都不要偷吃禁果，等到果子成熟时再去享受它的甜蜜吧！

任何情况下，都不要轻易献出自己的童贞

女儿，人的一生，难免会做错事。有些事情错了也就错了，或可挽回，或无关大局。但是有些事情，若是做错了，一辈子都无法弥补！所以，你要切记，有些事情千万不能错！例如，在任何情况下，都不要轻易献出自己的童贞！

下面是一个早恋女孩的日记，记录的是她与男朋友过早发生性关系而带来的苦涩经历。

我14岁那年早恋了。他比我高一年级，长得很高很帅，篮球打得也很棒。情人节那天，我们一起看了场电影。散场后我想回家，但他执意不肯，然后直接拉着我去宾馆。

在宾馆房间里，他开始变得不安分了，先是抱住我，开始亲我，甚至摸我。我有些急了，就用力将他推开了，并且严肃地说："你要是再这样，我就回去了。"

随后，他没有再动，但是很快又凑到我身边，然后告诉我，他希望他是我生命中的第一个男人，同时也会是最后一个，他会对我负责的。听了他的话，我有点儿感动，于是在情人节那天，我做了一件绝对不该做，而且令我后悔万分的事情……

回到家时，已经很晚了。我对父母撒谎说，自己在外面和一帮同学吃饭，所以才回家晚了。当我看到父母怀疑的目光时，心里既感到有些愧疚，又感到一丝难受。但是，更令我难受的事情还在后面，过了一段时间，我居然被查出怀孕了……

可是更让我痛心的是，当我把这个消息告诉他时，他居然态度冷淡地让我去找我妈处理。无奈，我只好把这件事告诉了妈妈，妈妈陪我去医院做了人流。在做完人流之后的那段时间，我根本没有心情听课，上课经常溜号，功课也落下了很多。人也变得忧郁起来，从前那个爱说笑的我，不见了。甚至，我还觉得，自己已经没有将来了。妈妈为了我的事也气病了，血压升高了很多，每天都要吃药。至于那个男孩，我现在再也不想见到他了。很快，家里就帮我申请了转学。但是，那一次的冲动，可能会是我一辈子的阴影！我感到迷茫、害怕、不知所措，找不到答案。

十三四岁的年纪，正是青春年少，努力学习知识，憧憬美好未来的花季，可是这个单纯的女孩为了所谓的爱情，经不住甜言蜜语的诱惑，竟然过早地献出了自己宝贵的童贞，让自己的青春陷入灰暗和迷茫，这是何等悲哀的事情啊！

女儿，看到这样的例子，你是否也会为女孩感到惋惜和痛心？童贞，对于女孩来讲，这辈子有且只有一次，它对女孩子来讲是非常重要的，任何情况下都不要轻易地献出自己宝贵的第一次，这是对自己身心健康最好的守护，也是对自身成长和家人殷切期望的负责。

但是，如何守住自己最后的防线，有效地保护自己呢？这里，爸爸提醒你注意以下几点：

1.你改变不了环境，但是你可以守住自己的底线

守住贞操，即守住了情感的底线，不要被他人的"花言巧语""甜言蜜语"所迷惑，因为把"性"当成感情的全部，是最经不起时间考验的。那不过是一时的心血来潮，没有人会对这份"心血来潮"持久负责，并做出郑重的承诺。一旦感官上的享受感和刺激感消失之后，又会形成新一轮的空虚。当你无法填补对方的空虚之时，旧日的"亲密"关系就很难重建，于是，从当初"亲密"走向如今的"疏离"也就成了"感情"规律发展的必然。

2.让渡或出卖童贞，并不能让你迎来爱情

爱情是神圣的，不容玷污的，但是，很多青春期的男孩抑制不住躁动的心，以谈恋爱为借口，来打发无聊、寂寞的时光。如果你不了解男生追求背后的动机，盲目地接受对方的追求，很容易引火烧身，通常他们爱慕虚荣，专门追求长相出众、活泼开朗的女孩，换来全班一致的赞叹，并抱着玩一玩的心理，追求刺激，根本目的就是占有女生的肉体。在他们的眼里，爱情不再是神圣的，就像在路边摊随便吃东西，爱情变成了即时的消费，唾手可得。另外，女儿，如果轻易地献出第一次，还有可能导致对方对你的轻视，对方会认为你是一个随便的女孩，所以千万不要为了所谓的爱情而轻易献出自己的身体。

3.底线一旦突破，会带来更多意想不到的后果

童贞是心理和身体的最后一道防线，一旦突破，心理和身体的防线就很容易崩溃，这样有可能带来更多意想不到的后果。这是因为当男生尝试了"性"的滋味之后，就忘记谈情说爱的重要性了。每次见面，就只想着发生性关系，一点情感的空间都留不住。所以女儿，别以为性爱一定能够增加感情，那只是你单纯的想法，你可要想清楚。

此外，女孩轻易献出童贞，还容易导致怀孕，增加心理负担，甚至会危害身体。所以，为了自己的身心健康和美好未来，一定要坚守住自己的底线。

所谓的爱情不需要性关系来证明

有位思想家曾说："真正的爱情，是表现在恋人对他的偶像采取含蓄、谦恭甚至羞涩的态度，而绝不是表现在随意流露热情和过早的亲昵。"

因此，女儿，在看待男女之间爱情这个问题上，你一定要牢记：所谓的爱情，是不需要性关系来证明的。

一个14岁的女孩谈恋爱了，当初她的妈妈并没有发现这件事情，直到这个女孩怀孕。女孩的妈妈十分震惊和气愤，带着女儿去医院做了流产。接下来的一段时间里，女孩的身体渐渐恢复了，但却留下了心理阴影，妈妈只好又带着女儿去看心理医生。

心理医生问女孩："你年纪那么小，为什么那么早答应和男孩子发生性关系？"女孩怯怯地说："他很喜欢我，对我很好，平时对我很照顾，我也很爱他。"

心理医生点了点头，接着问道："他对你好，就值得你为他付出身体的代价吗？"

女孩顿了顿说："起初我是不同意他那样做的，可是我拒绝他，他就很不高兴，还说我不爱他，就这样我们有了第一次，又有了第二次……"

心理医生反问女孩："你答应了他的非分要求后，他是否更爱你了呢？"

女孩低下了头，说道："起初他是对我更好了一些，可是后来渐渐就平淡了，反而不像以前那么关心我了，直到后来我怀孕了，他甚至还有些不耐烦……"

女孩说到这里，已经泪水涟涟了，一旁的妈妈赶忙为女儿擦泪。

女儿，看到了上面的这个例子，你认为青春期的"爱情"一定要通过性关系来证明吗？我想，此时你心中一定有了答案，但爸爸还是要说：14岁，还是一个比较单纯，甚至有些幼稚的年龄，绝不该是承受"性行为"的年纪，而爱情，也绝不是建立在"性"的基础之上的，当然也无须用什么"性关系"去证明。

女儿，要知道爱的方式有很多种，但从"爱"到"性"，绝不是你这个年龄所能承担得起的。因此，当你还不到尝试这些的时候，一定要学会保护自己，当面对你所不能承担的事情时，要坚决说"不"。

女儿，其实有很多像你这样青春期的女孩，都纯真得犹如一张白纸。在你们的眼中，爱情就像一束艳丽的玫瑰，既芳香又迷人，可是，却往往会忘了花枝上还布满了密密麻麻的刺；忘记了爱情虽然美丽，却有时也会伤人。

因此，女儿，要学会保护自己，把握自己，这样才能让快乐和幸福掌握在自己的手上。但是很多青春期女孩对感情的投入特别强烈，在对方提出性要求时，不懂得拒绝，大多选择屈从于对方，这样的做法是很危险的。那么，具体而言，在这方面该如何保护自己呢？

1.委婉拒绝对方的性要求，不要与对方有过于亲密的行为

每位家长都不希望自己的孩子早恋，可是总有些孩子禁不住诱惑，偷吃禁果。如果真的早恋了，那么也要保持应有的底线，无论什么情况下都不要早早地与对方发生性关系，更不要试图用性关系来证明所谓的爱情。因为这种事情并不能帮助你留住青春期的爱情，有时候甚至会让你远离爱情，所以当对方提出这类要求时，你一定要委婉地拒绝。

另外，为了避免引起男孩的性冲动，应当避免与对方有过于亲密的行为，把握好与对方交往的尺度和距离，是有效保护自己的前提。

2.如果对方强求，一定要想办法远离他，或终止与他交往

有的男孩借恋爱之名想要占有女孩的身体，甚至会强迫女孩与他发生性关系。面对这样的男孩，你一定要想办法远离他，必要的时候在能够保证自身安全的情况下可以大声呼救，迫使对方放弃侵害你。当然，脱离危险后，对于这样的男孩，事后最好终止与他交往，以免他再次伤害你。

3.一定要明白，过早的性行为会给身心带来严重创伤

（1）会对女孩的身体造成很大的危害

青春期的女孩如果过早地发生性行为，会对自身的健康造成危害。这是因为女孩的生殖系统尚未发育成熟，并且双方都缺乏一定的卫生常识，因此可能导致女孩阴道损伤或者导致泌尿系统感染，甚至还可能会影响到成年之后的婚姻生活。

（2）可能会导致女孩怀孕

女孩在月经来潮之后，卵巢就开始排卵。如果在发生性行为时没有采取有效的避孕措施，就极有可能造成女孩怀孕。一旦怀孕，很多女孩会选择偷偷流产。人工流产不仅会对女孩的身体不利，而且还会引发感染、出血、子宫穿孔、习惯性流产以及不孕等一系列并发症。

（3）会对女孩的心理造成很大的危害

青春期的女孩如果过早地发生性行为，可能会严重地影响心理健康。这是因为，青春期的性行为大多在偷偷摸摸的状态下进行，双方都缺乏必要的心理准备，会导致心理过度紧张和兴奋。因此，女孩往往会因害怕被家长、老师发现而产生恐惧感、负罪感，从而留下心理阴影，甚至会由此产生厌恶男子，厌恶性生活，性欲减退等很多心理问题。

（4）会对女孩的学习造成很大的影响

青春期的女生，正经历着人生中最重要的学习阶段，如果过早地追求性方面的刺激，注意力自然就会转移，从而影响到学业。更有甚者，还会沉迷于其中不能自拔，导致学业一败涂地。

总之，女儿，聪明的女孩懂得，真正的爱情是不需要"以身相许"的。因为无论恋爱进行到怎样如胶似漆的程度，女孩的身体，始终是自己最后的防线。

如何正确对待各种媒体上的"性"信息

当今社会，网络、电视、电影、小说、报刊等各类媒体上的性信息泛滥成灾，若是再想让自己的孩子"一尘不染"，早已不现实了。

我们先来看下面的情景：

"妈妈，他们怎么不穿衣服抱在一起呢？" 8岁的晨晨，偶然间在电视上看到这个画面后感到十分好奇。

9岁的瑶瑶不解地问道："妈妈，'做爱'是什么意思？为什么做爱会怀孕，怀孕就要人流呢？"原来，她是从网上看到这些信息的。

10岁的女孩雯雯注意到当地晚报上刊登的一则新闻，她疑惑地问妈妈："妈妈，报纸上说的'男根'是什么东西啊？那个女人，怎么把她老公的'男根'剪掉了呢？"

11岁的丹丹在放学回家的路上，看到电线杆上粘贴的小广告上有一张美女图片，上面还很醒目地写着3个字"包小姐"，下方还留有电话号码。她回到家后问妈妈："妈妈，'包小姐'是干什么的？怎么电线杆上总是贴她的图片？"妈妈听了有点儿头脑发涨，不知该如何回答女儿，就告诉她，小孩子不要关注那些东西。可谁知道仅仅过了几天，女儿就把"答案"告诉了妈妈，说是从同学那里听到的。

女儿，就像案例中提到的女孩一样，当你从媒体上听到或看到这些与"性"有关的信息时，心里是否也会感到好奇，从而追根问底呢？

女儿，当今社会是信息社会，各种信息日新月异，让人眼花缭乱。当然，这些信息中有好的信息，也有不好的信息。面对那些不好的、污染人们视线的信息，爸爸自然无法捂住你的眼睛，所能教你的就是自觉抵制那些不良信息。当然，在这些"性"信息中，也有一些正当的性信息，比如性教育教材、图画，医疗卫生机构张贴的生理、卫生、健康方面的宣传画等。

那么，女儿，如何去鉴别那些有益的"性"信息，自觉抵制那些不良的"性"信息呢？这里爸爸为你提供了一些方法，不妨参考一下。

1. 学会鉴别不良的性信息

现代的社会生活中到处充斥着各种各样的性信息，这些性信息多数是对孩子无益的。前面提到，对孩子而言，正当的性信息主要包括一些性教育教材、图画或者医院等医疗卫生机构张贴的生理、卫生、健康方面的宣传画等。一些不良的性信息主要来源于不良的网站、非法医疗机构、非法小广告、成人娱乐场所等。另外，一些"成人信息"或"成人用品"方面的信息主要是对大人们而言的，这些信息对孩子而言也无益。

2.自觉抵制不良性信息，不要对不良性信息抱有好奇心理

女儿，了解了什么是不良的性信息，那么就要自觉抵制这些不良的性信息。比如，对于一些不良网站或非法医疗机构的小广告、街头小广告等要坚决抵制，不听、不问、不传播。对于一些成人娱乐场所一定要远离，对于一些"成人信息"一定不要抱有好奇心理，那是属于大人们的"领地"，与孩子无关。如果实在对一些生理知识感兴趣，那就要通过正规的渠道来了解。

3.通过正规渠道了解性知识

女儿，性方面的知识也是一种科学知识。作为求知欲强的孩子而言，你有权利去了解、去学习，但要通过正规的渠道和途径。比如，通过生理卫生课堂上老师的讲解，通过一些适合青少年阅读的正规性教育出版物，或者与妈妈探讨，等等。女儿，通过正规渠道了解性生理、心理卫生知识，可以帮助你做到自我保护、自我保健和自我预防。

拒绝看色情影视和书刊图片

女儿，如今社会上的各种色情信息、黄色诱惑，如同夜晚的幽灵一样，常常在人们毫无防备的状态下映入眼帘，有时连成人都不免"中招"，像你这样懵懂的青春期女孩就更容易受到它们的影响。因此，当你接触到色情影视和黄色书刊时，一定要拒绝它们的诱惑。我们先来看看下面的案例。

有一次，妈妈帮女儿小齐收拾房间，发现女儿在床铺褥子底下藏了几本书，她拿起来一看，居然是几本色情小说。妈妈一下愣住了，女儿在她的眼中一直是好孩子，几乎没怎么让他们操过心。但女儿毕竟15岁了，已经是个"大姑娘"了。妈妈准备等女儿回来后和她深谈一次。

吃过晚饭，妈妈来到小齐的房间，母女俩经过耐心的交流，小齐向妈妈说出了自己心中的困惑和烦恼。原来，自从小齐上了高中后，就感到学习压力特别大，她总是被压抑、空虚和烦躁笼罩着。同时，青春期的欲望也像一团火一样折磨着她，让她不能静下心来安心学习。后来，她听说班里很多同学都在传阅着几本色情小说，于是自己就借来偷偷看……

小齐说到这里有点儿害羞，她不好意思地问道："妈妈，难道我学坏了吗？怎么最近老是想着那些事呢？"

妈妈听了，认真地对小齐说："女儿，你长大了，到了青春期，出现性欲望或性冲动其实是很正常的一件事。你的这种经历，我年轻时也有过，青春期对一些性知识有着急切了解的渴望是正常的，但色情小说中的内容会有很多误导，你还小，还无法辨别，因此以你现在的年龄不宜看这些色情小说。以后，在这方面有什么疑惑我们可以好好聊聊天，你看怎么样？"

小齐听到妈妈这样说，脸上立刻露出了笑容，心情也放松了。第二天，妈妈还特意去了新华书店，给小齐买了几本有关青春期女孩生理卫生方面的书。

女儿，看了上面的这个例子你有什么感想呢？这些色情书刊内容比较低俗，只会给你们带来一种劣质的感官刺激，污秽你们纯洁的心灵，甚至传递一种扭曲的爱情观、价值观和人生观。

女儿，像你这样的青春期女孩缺乏足够的免疫力和抵抗力，很容易被这些文化"垃圾"所诱惑，甚至导致沉溺于此而不能自拔。因此，爸爸给出下列几点建议：

1.与不良媒体直接划清界限，不打开、不浏览、不传播

女儿，青春期的少女身心正处在发育中，对事物的辨别能力也比较弱，但强烈好奇心的驱使、内在需要和外界刺激的双重作用，往往会使你们从好奇、关注发展到主动欣赏，体验朦胧性意识的勃发，这对你们的身心健康成长是不利的。因此，女儿，与不良媒体直接划清界限乃是最佳选择，在收到别人链接分享时，坚决不打开、不浏览、不传播。

2.不要浏览黄色网站，拒绝观看色情电影和视频

女儿，你在使用网络时，不要浏览一些黄色网站，或者观看一些色情影视作品，以防受到黄毒侵害。必要时可以安装一些绿色上网软件，通过设置网址黑名单和关键字两种方式来过滤不良网站或普通网站中的不良信息，创造一个绿色、健康的上网环境。此外，你在上网时遇到一些不良的网站，还可以向网络监管部门举报，来让更多的青少年免于受到黄毒的侵害。

3.正确对待优秀爱情文艺作品中的性描写

对于正处于青春期的女孩而言，欣赏言情小说、爱情诗歌、爱情电影和爱情歌曲再正常不过了。但是，这类作品中可能也会存在一些性描写，这种情况下就需要对描写爱情文艺的作品具备一定的分析能力和鉴别能力，要学会运用正确的眼光来吸收爱情作品中的营养。否则，即便是一些优秀的文艺作品，如果不能用正确的思想去阅读，也会产生不良后果。当然，对于那些用赤裸露骨的男欢女爱、令人血脉偾张的视觉激荡，来满足个人低级趣味的作品，一定要坚决抵制。

女儿，你们的成长具有不可逆性，一旦淫秽色情信息真正进入你们的心里，是很难被剔除的，不仅会导致你们的世界观、人生观发生很大的改变，甚至会导致你们道德滑坡、心理畸形、生活颓废等一系列问题。所以，你们要坚决抵制黄色小说、影视等淫秽色情信息或内容。

不要为了金钱等而出卖自己的身体

女儿，你相信吗？一群不满18周岁，稚气未脱的花季少女、在校学生，出于对金钱的欲望，为了享受所谓舒适、奢侈的生活，而不惜出卖自己的身体，最终沦为了卖淫女。

2011年11月5日，上海市闸北区检察院披露一起由20多名在校女中学生组成的集体卖淫案。据检方称，所有涉案女孩均来自于初中或高中学生，大都未满18岁，其中有2人还是不满14岁的幼女。这些参与卖淫的女学生，有的是想通过出卖自己的"身体"赚一些零花钱，来满足她们追求物质享受的虚荣心；有的家里根本就不缺钱，她们这样做只是因为没有生活目标，自甘堕落。

实际上，她们并没有受到什么逼迫，都是自愿参与的。因为她们平时经常在一个圈子里混，于是一个带一个，就形成了一个由20多人组成的隐秘圈子。与此同时，她们的嫖客也形成了一个相对固定的"圈子"。

在本案中，露露、小萍和小娜最初从事卖淫时，都未满16岁。从2009年开始，她们三人经常聚在一起"过度消费"，一旦身上缺少零花钱，就通过互联网和电话等方式相互介绍嫖客赚取嫖资。

据露露描述，她们总是在外面玩，像买衣服、首饰以及吃喝玩乐甚至寻求刺激都需要很多钱。可父母给的那点儿零花钱根本不够，所以她们逐渐就有了卖淫的想法。后来，她们觉得利用自己的身体赚钱，已经成为日常生活的一部分了。

她们穿上校服时，还只是一群稚气未脱的孩子；可脱去那件标识身份的衣服时，她们就会"越线"，在城市的各个连锁酒店内暗自转换"角色"。她们有的只是为了满足自己的虚荣心，有的甚至只为一点儿零花钱和零食，就从一个个清纯的"女中学生"变成令人鄙视的"援交妹"，成为很多陌生男人的"性伴侣"。

女儿，看到这里，你是否感到震惊呢？案例中这些十几岁的花季女孩，她们既非生活所迫，又非他人诱使强迫，竟然因为一些零花钱而出卖自己的身体，并用这些钱互相攀比、追求高档消费、满足虚荣心。最终，令她们美好的人生陷入一片阴霾。我们无法想象，这些十几岁的女中学生的美好青春就这样被"挥霍"了，实在令人扼腕叹息。

女儿，为了金钱而出卖自己的身体，不仅是一种道德沦丧的行为，还容易为自身的健康埋下隐患，甚至有些情况下还容易被坏人胁迫和利用，从而为自己的人身安全带来危险。所以，女儿，千万不要为了金钱而误入歧途。在这里，爸爸有以下几点建议给你。

1. 拜金思想不可取

女儿，在这个物欲横流的社会中，很多人的"拜金思想"根深蒂固，导致她们为了物质享受不惜出卖自己的尊严和身体。但是，女儿，若是为了物欲所驱使而出卖自己的身体，失去的不只是自己的尊严和身体，你的青春也将变得黯然无光。因此，女儿，对待金钱你要学会保持一颗平常心，树立一个有尊严的价值标准。要知道，"人"才是"金钱"的主人，千万不要为了钱而沦为它的奴隶。

2.如果的确需要更多钱，可以跟爸爸妈妈说明情况

女儿，除了必要的零花钱外，可能有些情况下你还想要购买自己需要的其他东西，比如手机、零食、衣服等。尽管这些东西可能超出了你的消费能力范围，但如果你真的特别想要的话，可以试着跟爸爸妈妈沟通，我们尽量满足你的要求。我们宁愿增加你的零花钱，也绝不希望你误入歧途。但话又说回来，尽量不要超出自己的能力消费，应该养成合理消费的习惯。

3.无论什么情况下都不要自甘堕落

在前面的案例中，有的女孩出卖自己的身体，并不是纯粹为了钱，而

是没有生活目标，无所事事，空虚寂寞，这样的女孩更可悲。所以，女儿，爸爸妈妈会给你足够的爱和关注，希望你不要因为任何事情而自甘堕落。女儿，你千万不要为了金钱而出卖自己的身体。尽管几千块钱可以买来一个名牌手机，几万块钱可以买来一个名牌包包，但是买不来的，将是那些永远失去的东西——你的青春，你的尊严，你的声誉，以及你未来的人生……

重视性伦理道德，不崇尚所谓的性自由

女儿，当女孩进入到青春期以后，就迎来了生长发育的黄金时期，不但身体发生了很大变化，心理上也开始荡起涟漪。于是，她们开始萌生出性欲望和性冲动，但无论身体和心理发生什么样的变化，女儿，你一定要注重传统的伦理道德，千万不要崇尚什么所谓的性自由。

我们先来看下面一个崇尚性自由女孩的日记，希望对你能够有所启示。

上小学时，我特别喜欢偷看一些只有大人才看的与性有关的书，在懵懵懂懂的同时也知道了女孩的贞操很重要，女孩子不能随随便便。但这个想法只保留到初二。

初二时我认识了好友雯雯，她是从其他学校转过来的，分班时碰巧成了我的同桌。她比我大一岁，但她对性方面的了解程度令我吃惊。雯雯说，找人"做爱"就是为了自己快乐，所以，她的性行为很随意，而且有很多性伙伴。每当她把她的性经历讲给我时，我都听得特别入迷。

后来，听得多了，我也想像她那样去尝试了，于是，我就把之前那些传统的想法全抛到一边去了。我14岁时交了第一个男朋友，并且很自然地和他

发生了第一次性关系，之后就有了第二次、第三次……我索性就把一切都看开了，即完全放开我的性观念，好像什么都无所谓了。

与第一个男朋友的关系持续了不到半年，至于第二个男友，只持续了三个月……就这样，我不断变换男友和性伙伴，但也导致我频繁怀孕，频繁流产。甚至，我还认识了给我做流产的刘医生。有一次，手术后她还劝我要小心，并给我讲了一些流产、刮宫的危害。但我根本不在乎这些，因为我追求的是性自由！就算打胎也没什么可怕的，还是快乐更重要。

后来，我再一次流产了，医生说我患上了子宫肌瘤，而且非常严重，最终我的子宫不得不被切除了，以后我再也不能做母亲了……

女儿，当你看了这个案例后，有什么感想呢？例子中的女孩和她的好友所崇尚的"性自由"，你知道是怎么一回事吗？你觉得这个女孩真的能承受她不计后果的放纵行为所带来的痛苦吗？

实际上，这个女孩脑子里充斥的"性自由"是一种扭曲的价值观，它最早源于20世纪60年代的美国，它抛弃了对性行为的社会制约，否定了传统性道德的合理内容，并且让"性自由"成为一部分人性生活泛滥的借口。

可结果呢？在美国性自由盛行的1960年至1980年的20年时间里，这种所谓的"自由"导致了众多家庭解体，离婚率猛增，青少年性犯罪数量激增，未婚生育的母亲和孩子大量增加。同时，更为严重的是造成了性病和艾滋病在美国乃至西方社会的肆意蔓延。

据当时美国有关部门调查显示：在16岁青少年中已有2/3的人有过性行为；平均每天有2000名少女怀孕，其中一半做了人工流产，另一半选择做了"少女妈妈"；平均1/3的新生儿是未婚妈妈所生，并且有25%的新生儿生活在单亲家庭中；在艾滋病患者中，青少年的比例占到了20%以上。

我们从这些数据中可以看出，当时美国社会所崇尚的"性自由"，给整个社会带来了巨大的危害。但要消除"性自由"所带来的消极后果，却需要花费很长的时间。

所以，女儿，我们的社会必须吸取这样的经验教训，绝对不能将西方文化中应该被丢弃的垃圾当作放纵欲望的借口，因为这对于每一个家庭和每一个女孩来说，都可能是一场灾难性的后果。下面，我们再回过头来认识一下本节前面提到的性伦理道德。

1. 性道德是人类调整两性性行为的社会规范

性道德包括三个范畴：爱情观、贞操观和生育观。我们的一生会经历恋爱、结婚、生育和抚养后代这几个阶段。在这个漫长阶段中，需要我们用性道德来维护家庭、忠于配偶、繁衍后代以及白头偕老。因此，需要我们恪守必要的行为规范，并时刻告诫我们遵守这几点：性行为必须以合法的婚姻为基础；只有建立在爱情基础上的性行为，才能达到精神和肉体的和谐统一；发生性行为的双方必须对产生的后果负责。

2. 性伦理是性道德的升华，也是一种性行为规范

性伦理实际上是性道德的一种升华，并把情感、理智与性爱结合起来，这样的性伦理观使人变得崇高、积极、振奋，而不是变得卑微、自私、猥琐。其行为规范就像婴儿床上的护栏或高架桥上的栏杆一样，是为了维护我们的安全所设立，同时又是我们立身为"人"所要遵循的"道"。举例来说，驾驶汽车只有遵守相关规则才会安全。否则，如果驾驶员都崇尚所谓的"自由自在"，不遵守交通规则或任意而行，那么就会导致严重的后果。

总之，任何所谓的"性自由"都是有限度的，任何打着追求"性自由"旗号的放纵都是不负责任的。女儿，你一定要记牢这个道理。

受到了性侵害，要及时告诉家长或报警

女儿，看着你日渐长大，变得既漂亮又可爱，就好像一条小毛毛虫蜕变成一只美丽的蝴蝶一样。这让我们感到十分欣喜，可又不免有一丝担心，担心你在成长的过程中，受到一些伤害。

在各种伤害中，我们最担心的就是你的生命安全和性伤害了。女儿，你万一遭到性侵害时，一定要及时告诉我们或报警，千万不要像下面案例中的女孩那样做，受到了性侵害却不敢说出来。

2014年12月20日，苏州市人民法院以猥亵儿童罪判处了谭某有期徒刑两年。事情的起因是这样的：

小蕾是一名六年级的小学生，案发时只有12岁。她的父母经常加班，甚至连晚饭都没有时间陪孩子一起吃。小蕾有一个很要好的同班同学叫小梅，小蕾空闲时经常去小梅家玩，因为在小梅家既可以看电视，也可以上网玩游戏。

暑假到了，小蕾更是每天都跑到小梅家玩。在这期间，小梅的爸爸谭某经常选择小梅妈妈不在家时借故支开自己的女儿，然后对小蕾"动手动脚"。小蕾虽然知道自己受到了伤害，但她特别害怕父母知道了会打骂自己，所以回到家后就选择了隐忍不说。结果，小蕾在小梅家中被谭某多次侵犯。

直到有一天，妈妈一句埋怨她的话，才最终揭开了这个秘密。原来，妈妈见小蕾总是在小梅家玩，就指责她说："你怎么老是去小梅家玩啊？难道人家父母不烦吗？"

小蕾面对妈妈的埋怨脱口而出："哼！谁稀罕呢？你都不知道她爸爸都对我做了什么！"妈妈听了女儿的话大吃一惊，随后她一再追问，小蕾才说出了在小梅家经常被谭某"摸"的实情。小蕾父母立刻选择了报警，他们还向小蕾怒吼："发生了这么大的事情，你为什么不早告诉我们？"

小蕾低下头，哆哆嗦嗦地回答："我，我怕你们知道了打我，就没敢告诉你们。"可小蕾的话音未落，只见小蕾爸爸的巴掌就到了……

从这个案例中可以看出，小蕾的父母平时对孩子疏于管教，还经常对小蕾使用暴力，使得小蕾在自身受到伤害的情况下，不敢对自己的父母说出实话。而之所以会造成这么严重的后果，一方面是由于家长放任孩子，并且缺乏与孩子的有效沟通而导致了沟通障碍；另一方面，则是因为孩子缺乏自我保护意识以及自我保护的相关知识。

女儿，由于众所周知的原因，女性相对于男性在身体方面始终处于弱势，导致她们在成长过程中容易遭受男性不同程度甚至是不同方式的性侵害。尤其是近年来，国内不断曝光女孩被性侵害的恶性案件，更是说明了这一点。

例如，据有关部门调查显示，2016年被公开报道的性侵儿童（14岁以下）案件共有433起，778名儿童受害，其中719人为女童，占92%，并以7至14岁的中小学生居多。尽管法律对此类案件的惩罚力度不断加大，民间舆论也是义愤填膺，但性侵害案件却未能得到有效遏制。

通常情况下，性侵害女孩的案件大多数是"熟人作案"，比如老师、邻居、亲属或父母的朋友，等等；而且通常孩子在遭受性侵害后，大多选择默默忍受，很少会主动告诉父母，直至被发现。

那么，女儿你应该如何避免受到性侵害呢？爸爸给出以下几点建议。

1. 穿着得体，远离是非之地

在真实的案件中，一些打扮得"花枝招展"，即衣着过于暴露、行为轻浮的女孩，很容易成为被性侵害的目标。此外，人员稀少、灯光昏暗之处也是性侵害案件的高发区。因此，女儿，你要穿着得体，远离是非之地，这样才能有效降低受到性侵害的概率。

2. 不要轻信他人，特别是熟人

女儿，在性侵害发生的案件中大部分都是熟人作案。因此，你必须要时刻筑起一道思想防线，千万不要轻信他人，或者比较熟识及曾经认识的异性长辈。尤其是对于那些对自己特别热情的异性长辈，无论是否相识，或者是自己多么尊敬的长辈，都必须格外注意，时刻保持防范意识。此外，不要贪图小便宜，也不要随便接受他人的帮助或者馈赠，以免因小失大。

3. 发现对方不怀好意时，态度要坚决

女儿，当你发现对方对自己不怀好意，甚至有动手动脚的越轨行为时，一定要严厉拒绝，并表现出强硬态度，使对方打消不良念头。否则，若是采取一味迁就、忍耐，或者暧昧的态度，就会让对方得寸进尺，继续施行他的不法侵害。

此外，一旦受到性侵害，就要想办法将伤害降到最低，具体来说，应该采取以下几种方法。

1. 留下证据，及时告诉家长或报警

女儿，如果不幸遭到了性侵害应立即采取措施，首先要留下证据，不要急于清洗身体或者整理现场，然后再及时告诉家长或报警，依法制裁对方的违法犯罪行为。千万不要一个人躲起来伤心流泪，或将这件事情深埋自己的心底，这样会让你变得非常压抑，很难消除心理上的阴影。

2. 去医院寻求身体和心理上的帮助

女儿，受到性侵害后，要在家长的陪同下去医院寻求医生的帮助，并积极接受医生在身体和心理上的治疗，重新获得健康，这样才能让不法侵害对你的伤害程度降到最低。记住，一定不要讳疾忌医，因为隐瞒伤情只会造成更大的伤害。

3. 避免负面消息扩张，以防二次伤害

女儿，出了事情之后我们要坚强、勇敢地面对伤害，同时要避免这种负面消息扩张，以避免受到人为的二次伤害。此外，如果身边熟悉的人遇到此类事情，我们也必须要注意保护当事人的隐私，这才是对当事人最大的爱护。

女儿，性侵害就像一座充满罪恶的巨大冰山，深层的伤害可能远远大于表面的伤害，所以生活中一定要特别注意保护自己。

有必要了解一下怀孕、避孕这些事

女儿，受到社会大环境的影响，现在的女孩性启蒙越来越早，性观念也越来越开放，但性知识却相对匮乏，特别是在"怀孕""避孕"这方面，她们大多认识不足，以至于意外怀孕，或怀孕之后不知所措。

因此，女儿，像你这样的青春期女孩，有必要了解一下怀孕、避孕这方面的知识。我们先来看一个案例。

2014年9月26日，大庆市某医院妇产科王主任依旧像往常一样忙碌着。突然，一位父亲将女儿匆匆背进了诊室，女孩满头是汗、脸色苍白，看起来意识也有点儿模糊了。

女孩的母亲则哭着对王主任说："孩子上学后没多久，老师就打电话说孩子肚子疼得厉害，让我们接回家。我们起初以为她是痛经，就给她喝了一碗红糖水，可她的肚子却疼得越来越厉害了，还流了很多血。"

王主任立刻给女孩开了B超检查单，并注明了"急"字样。检查结果很快就出来了，原来，这个女孩怀孕了，而且是比较特殊的宫外孕。面对这个结果，女孩的父母十分震惊，因为女孩的年龄还很小，今年才13岁。但此时，根本没有时间去责备什么，女孩的生命是最要紧的。

随后女孩被紧急推进了手术室做了流产手术。术后，王主任心有余悸地对家长说："孩子的情况非常危急，腹腔里面全是血，如果再晚一些，恐怕命就保不住了。"

后来，女孩对父母讲出了实情。她与自己班上的一名男生偷偷谈恋爱，就在几个月前，两人在一家小旅店里偷食了禁果。没过多久，女孩发现怀孕了，男孩就陪着她去一家小药店买了人流的药。女孩以为自己吃了药就会没事了，可这种所谓的药根本不管用。结果，她在学校出现流血、腹痛不止的症状，要不是及时被送到了医院抢救，恐怕就有生命危险了。

女儿，案例中的女孩才13岁，却犯下了几点严重错误。首先，她不应该过早与男友发生性关系；其次，发生性关系时她不懂得如何避孕，事后也没有采取紧急避孕措施，结果导致了怀孕；最后，发现怀孕后她不应该去小药店去买什么"人流"的药，差点儿因此酿成一场悲剧。实际上，她要是懂得一些避孕方面的知识，就完全能够免遭这次危机。

女儿，青春期的少女一旦发现自己怀孕，就必须尽早去正规医院做人工流产手术。如果怀孕超过3个月，就不能再进行人工流产手术，需要等到怀孕4个月以后引产，而引产手术对于女性身体的影响更大。因此，女儿，千万别把怀孕、堕胎当作儿戏，否则将会为此付出沉重的代价，比如大出血、妇科炎症、终身不孕，甚至死亡等严重后果。

我们在前面已经介绍过有关人工流产手术对于女性身体的危害了，所以，我们还是重点介绍一下女性有哪些可靠的避孕方式。

1. 避孕套避孕

避孕套又叫安全套或保险套，它是以非药物形式去阻止女性受孕的最简单方式，同时，它还具有预防性病和艾滋病等疾病传播的作用。作为一种应用十分广泛的避孕工具，避孕套与其他避孕方法相比，具有使用简单方便、没有副作用和不良反应的特点，避孕成功率一般为85%，对于受过专门训练的使用者来说，避孕成功率可达到98%。

2. 口服避孕药

避孕药可分为4种，即短效避孕药、长效避孕药、紧急避孕药和外用避孕药。

（1）短效避孕药。短效避孕药是一种常规的避孕方法，需每天服用，它具有在人体内发生作用时间很短、停药后即可恢复生育能力的特点。

（2）长效避孕药。长效避孕药通常一个月只用一次，或者几个月用一次。因其一次性进入女性体内的激素量比较大，所以停药后不会马上就怀孕，一般需等到停药半年后才能再次怀孕。

（3）紧急避孕药。紧急避孕药是一种事后避孕药，通常针对常规避孕失败，例如可在发生性关系之后立刻服用。

（4）外用避孕药。外用避孕药是一种化学制剂，放在阴道深处，子宫颈口附近，使精子在此处失去活动能力而不能通过子宫到达输卵管与卵子结合。因此，外用避孕药又被称为杀精剂。

女儿，要知道，任何药物都会对身体产生不良反应，如果盲目、长期、大量服用或使用这些避孕药物，就会导致药效降低，出现月经紊乱的症状。严重时甚至可能会导致闭经，影响女性正常卵巢功能，并造成女性的终生不孕。此外，如果服用者有肿瘤家族史、血栓史，以及出现身体偏胖或乳腺增生等症状，就应当及时咨询医生，在专业指导下服用口服避孕药。

3. 宫内节育器

宫内节育器俗称避孕环，是一种放置在子宫腔内的避孕器具，可由金属、塑料或硅橡胶制成。避孕环是一种长效避孕方法，它的避孕成功率为94%～99%。

4. 皮下埋植避孕法

皮下埋植避孕法简称皮下埋植，是一种新型且高效的避孕方法，它通过改变子宫颈黏液的黏稠度，阻止精子进入子宫腔来达到避孕的目的。

女儿，对于正处在青春期的女孩来说，采取任何避孕措施对正在成长发育中的身体都是一种伤害。实际上，最好的规避风险的办法也许只有"洁身自好"这一条。因此，作为一个女孩千万不要想当然地做事，因为做错了任何事都是要付出代价的。

第七章

网络是把双刃剑，
别不小心伤了自己

女儿，现在是网络信息时代，几乎每个人的学习、生活、工作都离不开网络。所以，爸爸也不可能禁止你接触网络。然而，网络是一把双刃剑，它在带给我们便利的同时，也有可能被坏人利用，比如，一些坏人利用网络来行骗，传播不良信息，设置种种交友、购物陷阱等，对此你一定要提高警惕，谨防上当受骗。

不加陌生人的QQ、微信、陌陌、朋友圈等

女儿，随着网络社交的发展，爸爸相信你也有了自己的网络社交圈，比如QQ好友、微信朋友圈、陌陌等。但是，你在扩大自己的这种网络社交圈的同时，也要有所警惕并进行必要的筛选，不要随便加陌生人的QQ、微信、陌陌等。

小欧15岁生日时爸爸特意送了她一部iPhone7，满足了她拥有一部智能手机的愿望。这天，小欧坐着公交车去找同学玩，闲着无聊就玩了一下手机微信上的"摇一摇"。没想到那么巧，居然摇到了同车的一个男孩。

那个男孩发现原来同时摇一摇的就是小欧，就主动走近了她，跟她打招呼，聊天。男孩长得高高大大的，说话幽默风趣，小欧顿时就对他产生了好感。谈话间，小欧得知，男孩比自己大几岁，现在正趁着暑假在麦当劳打工实践，锻炼自己，同时赚点零花钱。小欧感觉男孩非常独立，对他更添了一份好感。小欧就要下车了，男孩主动说："我们互相留个电话吧，这样以后联系也方便。"小欧很爽快地同意了。

以后的日子里男孩常常在微信上主动找小欧聊天，一般的话题到了男孩口中就变得有趣无比，小欧每次都感觉特别开心，很庆幸自己认识了这样一位朋友。

一天，男孩突然给小欧打了个电话，非常焦急地说："小欧，我刚刚在麦当劳打工的时候不小心把一位顾客给烫伤了，对方要求我支付2000元的医

疗费。可是我手里暂时没钱了，也不想让爸爸妈妈担心，你能不能先借我，等我发了工资马上还你。"小欧没有丝毫的犹豫就把自己的压岁钱全部给了男孩。男孩连声表示感谢。

这件事情过去后，男孩有很长一段时间没有联系她，小欧想问候一下男孩，却发现微信被删除了，电话号码打过去也是空号。小欧来到了男孩提过的打工的麦当劳，却被告知没有这样一个人。至此，小欧才明白自己遇到了骗子。

随着科技的进步，QQ、微信、陌陌等聊天工具的出现的确大大方便了人们之间的沟通和交流，但同时也带来了很多的隐患。

女儿，你们正处在青春年少的时期，正是乐于交朋友的阶段。爸爸知道，对于你们来说，聊QQ和微信似乎成了你们日常生活的一部分，这种交流方式有时候甚至替代了你们现实中的沟通与交流。但是，女儿，这些社交软件在带给你们方便的同时，也隐藏着各种各样的陷阱，尤其是社交软件上的那些陌生人你一定要提防，最好是不加他们。看看小欧的遭遇，你是否能够明白呢？

爸爸并不反对你广交好友，但是由于网络的虚拟性往往使得人们之间的信息不透明，你并不了解在网络另一端的那个人究竟是怎样的意图，有着怎样的品德和性格。在网上通过QQ、微信、陌陌等添加陌生人为朋友还是有很大的安全隐患的。所以，女儿，这种交友方式还是能免则免吧。

那么，如何在现实生活中避免被陌生人添加为好友呢？你可以从以下几点做起：

1.关闭隐私按钮，不要被陌生人搜到

通常在各种聊天工具中都会有隐私设置的按钮，比如"找朋友""摇一摇""附近的人"等，你一定要谨慎管理。不要让陌生人随意就能搜到你的微信、QQ，也不要让别人通过"摇一摇"来找到你。在对方想添加你为好友时,一定要通过你的验证。

2.不要添加陌生人

当你的微信或者QQ上显示有陌生人添加你时,不要轻易地点击"接受"或者"添加"。如果对方附带的留言信息让你感觉有可能认识,点击了"添加",在确认自己并不熟悉后,最好立刻删除。

3.如不得已添加,一定要限制对方的权限

如果遇到特殊情况,必须添加陌生人微信、QQ等时,比如希望了解相关课程、活动规则等,一定要注意限制对方的权限。比如不让对方看你的微信朋友圈,或者QQ空间、动态等,仅仅保留聊天功能。

4.不要使用本人头像

在使用社交工具时,常常会有一个设置头像的需要。女儿,你要注意,千万不要用自己的肖像做头像。要知道你的肖像是你非常重要的一个隐私,而且会暴露你的年龄、性别,也容易被那些居心叵测的陌生人盯上。

总而言之,我的女儿,网络交友有风险,你一定要增强戒备意识,保持冷静的头脑,不要随意添加陌生人,以免落入陷阱。

慎用社交软件上的定位工具

随着智能手机技术的不断更新,各种贴心服务也随之而来。当你想了解一下附近的美食时,当你想知道去某个地方需要多长时间时,一打开手机,定位服务就会自动为你搜寻并选择。然而,这种便利的背后却又隐藏着个人隐私暴露的危险。"被手机定位"的不仅仅是你搜寻的地点、美食,还有你自己。

　　小倩是一个活泼开朗的女孩，喜欢在自己的微信上晒自己的美照、晒吃到的美食、新买的漂亮衣服，甚至是当天自己去了哪里，玩了什么都不忘发一下朋友圈，还美其名曰"有快乐就要大家一起分享"。

　　2013年5月的一天，小倩想去美术馆转转，临下地铁时，她又习惯性地拿出手机自拍了一张照片，并且配上了说明："今天要去美术馆，心情美美的！"

　　发完微信后，小倩就随着人流走出了地铁。她顺着街道慢慢地走着，突然感觉身后似乎有个人跟着。小倩回头看了看，只见一个30多岁的男性背了个双肩包走在她身后。"可能就是同路吧。"小倩安慰自己，又继续往前走。可是，当她连续拐了两个弯却发现男子仍然跟在自己身后时，她顿时感觉不对劲儿了。小倩强迫自己镇定下来，快步向前走去。说来也巧，刚好在路口遇到了一位民警，小倩马上跑到了警察叔叔身后，指着自己身后的那个男人说："他一直在跟踪我！快救救我！"那个男子一见情况不妙，转头就跑，警察一个箭步追上去将他抓获了。

　　经审讯得知，这个男子当时正在地铁站附近无聊地闲逛，当他用手机查找"附近的人"时，偶然发现了小倩的微信，再一看小倩的照片清纯可爱，而且照片中的定位信息恰恰是在他所在的出站口，顿时起了歹心。

　　我的女儿，你看到了吧，小倩就是因为对网络安全的警惕性不高，任由手机中的定位按钮开着，结果将自己的位置暴露给了居心不良之人。爸爸说到这儿，你是不是应该也赶紧检查一下自己的手机，看看这个功能是否开着呢？

　　女儿，爸爸知道很多年轻人喜欢把自己的行踪，比如每天去了哪里，吃了什么美食，玩了什么有趣的发在朋友圈或者QQ空间中，认为这既是对自己生活的记录，又是自己心情的一种表达和宣泄。女儿，也许你也喜欢这样做。但是，爸爸需要提醒你，适当地分享给亲近的朋友是可以的，但是最好不要把分享的权限放宽到所有人，尤其是不要在带有定位的状态下这么做。否则，一旦被别有用心的人看到，将是非常危险的。

当你打开定位工具时，如果犯罪分子有心，并对你保持持续关注，他完全可以通过朋友圈或者QQ空间零零散散的信息拼凑出你的个人信息、你的具体行踪，从而设计出各种陷阱。所以，一定要慎重使用社交软件上的定位工具，不要泄露自己的行踪，要用心保护好自己的隐私。

具体而言，可以从以下几点做起：

1.随时检查并关闭"定位"按钮

女儿，请检查一下自己的手机，确保关闭设置中的"定位"按钮。如果你有的时候需要用到地图、天气预报、美食，或者其他带位置信息的APP，那么务必要记住，在使用完毕后一定要及时关闭"定位"按钮。切不可因为一时的偷懒而持续将自己的行踪暴露在网络中。

2.不要发含有定位信息的照片和信息

女儿，你希望与朋友分享快乐、分享心情，爸爸是能够理解的。但是，当你将自己的照片以及所去的地方发在网上前，一定要先仔细检查一下，照片中或者微信中是否包含具体的地理位置，是否暴露了你的隐私，是否会被别有用心的人利用，等等。

3.及时删除带有自己位置的信息和网络痕迹

我的女儿，现在是大数据时代，你在网络上的浏览痕迹，定位信息常常会持续保留很久，对个人安全有着很大的隐患。因此，你要及时删除带有自己位置的信息和网络痕迹。

接到"熟人"借钱、邀约等信息，一定要核实

女儿，爸爸知道对于你们年轻人来说，微信、短信、QQ等网络沟通方式基本已经取代了电话、面对面的交流。但是，网络的不可预知性却让这种交流方式充满了不确定性和危险性。这不，小雪就碰上了这么一档子事。

周末，小雪正在家里上网，突然QQ上弹出来一个消息，原来是好朋友薇薇。小雪顿时心情大好，热情地跟薇薇打招呼。可是，原本说话干脆、利落的薇薇，面对小雪的问候却一副心不在焉的样子，一会儿说东一会儿说西的。勉强聊了会儿天，小雪实在忍不住了，问道："你今天是怎么了？怎么感觉不在状态啊？"看到小雪的问话，薇薇沉默了很久以后，连续发了好几个痛哭的表情。小雪一看更是心急如焚了："你到底是怎么了？快说啊，真是急死我了！"

薇薇说："这个假期妈妈说要让我补习一下英文，本来她今天是要去交钱的，结果妈妈临时有事就让我把钱带给老师。可是，可是……呜呜呜……"小雪追问道："可是怎么了？""可是我坐车的时候钱被小偷偷了。我不敢告诉妈妈……呜呜呜……"看到回复，小雪满脑子都是电脑那端薇薇泪流满面的样子。小雪赶紧安慰她说："别着急，我先找同学们给你凑凑，等你有了钱再还我们。"听到小雪的话，薇薇顿时心情变得大好，很快就发过来了账户。

小雪一看，忍不住笑着说："你够超前的啊，居然还有银行卡号！不过，这收款人的名字怎么不是你啊。"薇薇回应道："我哪有啊，这是我们老师的银行卡，你直接把钱打给他就行。"小雪一听就立刻开始行动，联系了几个好朋友给薇薇凑了钱，并打到了指定的账户上。

当小雪想跟薇薇确认是否收到钱了时，却发现薇薇不在线了。于是，小

雪立马给薇薇打了个电话。然而，令小雪没有想到的是，薇薇听了她的话居然一头雾水，反问道："我什么时候联系你了？那个人根本就不是我！"原来，薇薇今天就没上QQ，是网络骗子盗取了薇薇的QQ账户及密码，欺骗了小雪。

女儿，现在的网络应用越来越广泛，但是各种安全漏洞也普遍存在。当你认识的人突然在网络上以各种理由提出借钱、邀约等要求时，一定要保持足够的警惕。记住，并不是用着朋友的网名，带有朋友的名字就一定是你的朋友。

要知道，任何人的网络社交工具，如QQ、微信、陌陌等账号和密码都很可能被骗子盗取，所以，千万不要轻易地相信网络那头的人就是你所认识的"熟人"。小雪的遭遇就充分地说明了这一点。

除了利用QQ、微信、陌陌等网络工具冒充熟人诈骗外，还有的诈骗分子会假冒老同学或老朋友打来电话，声称遇到了紧急的事故或者危险，急需用钱；甚至是利用虚假的视频，让你"眼见为实"，确认是自己"认识的人"，从而心甘情愿地倾囊相助，结果却纷纷落入了骗子的陷阱。

俗话说："无欲则刚，关心则乱。"其实很多时候，骗子的手段并不高明，会有很多的漏洞。但是人们往往对自己熟悉的人、熟悉的朋友充满了爱心、关心，一听到朋友有难，或者熟人遇到困难就会奋不顾身，失去了判断的理智。就如小雪在看到薇薇发来的银行账号时其实也是有点疑惑的，但她只是开玩笑似的提了一句，并没有多想。而犯罪分子正是利用人们对熟悉的人不设防、不怀疑，设计了各种骗局，从中谋取不法利益。

其实，如果在接到熟人借钱或者邀约的信息时，能保持冷静，多存一些疑问，多方面进行一下核实就不会那么容易受骗了。

女儿，如果有一天你也接到了这样的信息，可以从哪些方面去求证、核实，保护好自己呢？

1.接到"熟人"借钱或者邀约的信息，一定要电话核实

女儿，当你接收到熟人的网络信息涉及借钱、转账等财务请求时，务必要警惕。最简单、最直接的方式就是给熟人打个电话核实一下，确认你所收到的信息是否是本人发出的。

2.接到"熟人"借钱或者邀约的电话，想办法打探虚实

女儿，如果你接到了久未联系，但又声称是熟人的电话时，不要下意识地将其默认为好友，要想办法提出一些试探性的问题，打探其虚实，比如编造一个名字，声称是你们俩的好友，一旦对方默认，那么就可以判定他就是骗子，这种情况下立刻挂断电话。

3.不要轻易答应见面

女儿，如果拨打过来的电话号码显示真的是你的朋友，那也不要轻易相信对方的说辞。尤其是久未联系的那些"熟人"，更要提高警惕。尤其是当他们提出见面的请求时，一定要慎重。不要孤身前往，更不要同意在一些不安全的场所或者封闭场所见面。请爸爸妈妈或者好朋友陪同前往，发现异常，立即找理由离开。

4.一旦中招，及时报警，并告知亲朋好友

万一你不慎被骗，一定要及时报警，或许还能挽回自己的损失。另外，要及时通知亲朋好友，以防骗子借你的人际关系网络欺骗和伤害更多的人。

总之，女儿，一定要记住，凡事多问几个为什么，尤其是涉及财物及人身安全的信息和电话务必多一分警惕，进行多方求证，确保信息无误后再付诸行动。助人、救人其实都不是急在那一时的。

天上不会掉馅饼，当心各类"大奖"砸中你

女儿，如果有一天你得知自己中了大奖，第一反应会是什么？兴奋、开心、好好庆祝？先别急，爸爸可要提醒你哟，仔细看一看这天上掉下的，到底是馅饼，还是陷阱？

一天，12岁的小凤正在与好友双双聊着天，突然右下角弹出来一个QQ系统信息，上面用醒目的彩色字写着"尊敬的腾讯QQ用户：恭喜您！您的QQ号码被系统自动抽中为幸运用户，将获得价值8000元的笔记本电脑一台。请登录活动网站×××领取验证码×××。全国唯一活动免费专线：400-×××-××××。"

看到这个消息，小凤有些蒙了。她不相信地揉了揉自己的眼睛，来回读了好几遍信息，"哇，我也太幸运了吧！看来常聊天还是很有好处的嘛！"小凤兴奋地对着双双敲过去一行字："快看，我中大奖了！"并发了截图。没想到，对面的双双急急忙忙地回复她道："千万不要点击链接，那是诈骗信息！"小凤很奇怪地问："这明明是腾讯公司发的系统信息，怎么就是诈骗呢？"双双回复道："这种信息是诈骗分子假冒腾讯公司名义发布的，不论是链接，还是电话都是假的，引诱你上钩的，千万不要点击或者拨打！"小凤半信半疑地看着电脑。双双又敲过来一行字："你要是不相信就搜索一下，看看腾讯真正的官网、客服电话是什么。"小凤搜索了一下腾讯的官网及电话，再一对比自己收到的信息，还真是有点李逵对李鬼的味道。

小凤正在暗自庆幸的时候，双双又说道："你搜索看看，有多少人都被这种中奖信息给骗了！"当看到搜索后的结果时，小凤真的是目瞪口呆，那么多的人都被这样的信息给骗了。对比一下自己收到的所谓的系统信息，与那些诈骗信息如出一辙。这下小凤彻底明白了。

她充满感激和佩服地语气向双双发了一条信息："真是谢谢你，不然今天恐怕真落入骗子的阴谋之中了。"双双回道："别客气。现在网络诈骗手段日益更新，常常有新花招出来，你呀，就记住一句话，天上是不会掉馅饼的哦！"看着双双发过来的大大的馅饼动画，小凤忍不住哈哈大笑了起来。

网络在为我们提供便利的同时，也让诈骗分子们获得了可乘之机。通过强大的网络平台，这些犯罪分子广发诈骗信息，编织出一个巨大的网，利用QQ、邮件、广告链接等引诱、欺骗人们，稍有不慎就会被这天上掉下来的馅饼砸得头晕脑涨。

为了骗取人们的信任，越来越多的诈骗分子开始采用类似大公司、大平台的官网、系统信息来行骗，就像小凤看到的那样。表面上，这些信息是出自正规大公司的系统，实际上一旦深究就会发现它所展示出来的网址、电话、系统提示与真实的信息还是有差别的。只是人们很少会那么仔细地去探究、验证，结果就落入了陷阱之中。

2016年《中国消费者报》统计分析结果显示，在多种诈骗举报中，中奖类诈骗数量最大，可以说是诈骗分子行骗的主要手段。那么，女儿，在面对这些大奖信息时，你应该如何去做呢？

1.冷静对待

骗子之所以能行骗成功，不一定手段有多高明，很大程度上是因为人们存有侥幸心理，希望自己有一天能突发横财。因此，在面对大奖信息时很容易头脑发热，一厢情愿地相信自己有多幸运，从而落入犯罪分子的圈套。所以，女儿，你在收到任何中奖信息时都要记住，一定要冷静对待，谨慎识别。

2.不要点击中奖弹窗中的网址

女儿，当你在网络上浏览网页或者搜索资料时，无论弹出来的是何种中奖弹窗都不要去点击其中的链接，甚至不要点击关闭弹窗，有些时候你只要点击了，弹窗即默认为打开。所以，遇到中奖弹窗直接无视就可以了。

3.被中奖诈骗纠缠，报警处理

女儿，诈骗手段层出不穷，你不可能了解所有的形式，也很难规避掉所有的陷阱。现在，中奖诈骗再次升级。如果拒绝领奖就会再次收到系统提示，声称会收到法院传票。如果你收到了相关的中奖信息，并且无法摆脱诈骗分子的纠缠时，那么最简单的方法就是直接报警，让警察来处理。

我的女儿，你一定要记住，这天下是没有免费的午餐的，在任何时候都不要有投机致富的侥幸心理，不要轻易相信自己能在芸芸众生中被大奖砸中哦。

不要沉湎于网络聊天、微信交友等

"微信摇一摇，朋友自然来"，我的女儿，这句话是不是非常形象地道出你们现在的交友状态呢？你是不是感觉到，很多时候当着朋友的面不方便说的话，在网络上面对陌生人却能轻轻松松地说出来呢？很多烦恼对熟悉的人不能说，却能对陌生人倾诉？也许正是这样的原因才让你们对网络聊天、交友欲罢不能。但是，这种交友方式在帮助你释放压力、舒缓情绪的同时，也很可能导致一些不良后果。

小翠是一名13岁的学生，平日里性格比较内向，不擅长表达和交际，因此朋友很少。

放暑假了，小翠回奶奶家玩，认识了邻居家的小姐姐。她们俩一见如故，聊了很多话题。当小姐姐知道小翠的交往烦恼后，爽快地说："你呀，就是接触的事情太少了，来，我教你怎么打破交往的障碍吧！"小翠一听开心极了，很期待在小姐姐的带领下认识更多的人。

可是，没想到，小姐姐并没有带小翠出门，而是打开了家里的电脑。小姐姐登上了自己的QQ，说："瞧，我这里有好几百个好朋友，想说什么就说什么。"初涉网络交友平台的小翠仿佛看到了一个全新的世界，感觉这个"交际场"到处都是人头攒动。她兴奋地开始了网络聊天的生活，并且从此陷了进去。

在网络的世界中没有人认识小翠，没有人了解她。她的烦恼、喜悦都不需要掩饰，她可以尽情地抱怨，也可以尽情地发泄，并且还能引起共鸣。这样的交流环境让小翠感到前所未有的舒畅，自然充满了巨大的诱惑力。

每天一有时间，小翠就迫不及待地打开电脑，上网去与网友们聊天。在网络的世界里，她仿佛变了一个人似的，开朗大方，干脆利落，想说什么就说什么，从不掩饰自己的想法。然而，在现实中，她还是那个唯唯诺诺，不敢开口说话，羞于表达的小女孩。

现实与虚拟的巨大差距，让小翠对真实的生活变得越来越抗拒，越来越排斥。生活中的她越来越沉默寡言，消极闭塞，完全不跟父母、同学、老师交流，并且开始厌食、失眠。后来，经心理医生诊断，小翠患上了"网络心理障碍症"。

网络是一个平等、开放的世界，借助电脑的保护和伪装，人们可以随心所欲地倾诉自我，释放心情，尽情地展现内心的渴望和想法，甚至成为与现实世界中完全不同的人。网络给了每个人更大的自由度和可能性。爸爸想，这也许就是小翠为什么会沉湎于网络不能自拔的主要原因吧。

女儿，不可否认，网络聊天是有其优势和便利的。网络的覆盖面广，可以扩大你的交际面和朋友圈，让你认识更多更远的朋友，获得更多的见识和人脉。从这方面来说，爸爸是理解和认可的。

但是，凡事都有两面性，凡事都有一个度。如果过度痴迷网络，将现实与虚拟世界混为一谈，甚至是完全陷入网络世界，而关闭现实世界的大门。就像小翠那样，爸爸是不可能同意的。

女儿，爸爸希望你能在充分利用网络优势，享受网络便捷的同时，不要陷入网络的泥沼之中。那么，在日常的上网过程中，要怎样去把握好这个度呢？

1.要有节制，控制好时间

我的女儿，做任何事情都不能毫无节制，网络聊天更是如此。爸爸希望你能自己做好计划，规定好每天上网多长时间，到时间就及时关闭电脑。

2.明确上网的目的，做完事情后及时退出

在网络上最怕的就是漫无目的，你越是无所事事，一个个网页不停地浏览，越是无法从中脱身。因此，女儿，爸爸希望你每次上网前先明确一下，自己是想通过网络解决什么问题？查找什么资料？与朋友沟通什么事情？一旦做完事情，就果断地关机。

3.多结交现实中的朋友

女儿，的确有的时候在网络上你更能畅所欲言，肆意发挥自己的个性，但是，生活毕竟是真实的，所以，爸爸还是希望你能够多走出家门，多结交一些现实中的好朋友。

4.找一件自己感兴趣的事情深入做下去

每个人都有自己的爱好，都有自己非常感兴趣的事情。爸爸想，你也一定有的，是读书、画画、唱歌，还是弹琴？无论哪一项，爸爸都支持你深入、持续地坚持下去。当你烦恼或者快乐时，这些爱好都能帮你分担或者与你分享，这样一来，你就不必去网络中寻找精神寄托了。

我的女儿，网络只是一种工具，是为了方便我们的学习，服务我们的生活而存在的。它永远都不能取代现实，更不可能替代你所在的世界。因此，爸爸希望你能正确地看待网络，利用网络，千万不要沉湎于其中。

相见不如不见，不要跟陌生网友见面

女儿，在现代社会，网络已经成为我们不可或缺的工具。我们可以利用网络获得知识，搜集资料，进行家校互动，与朋友、同学沟通交流。网络已经与我们结下了不解之缘。也正因为如此，爸爸并没有过多地限制你对网络的使用。但是，为了你的安全，爸爸在此还是要提醒你一些使用网络时可能会遇到的危险和问题，从而有效地规避它们，确保自己的安全。

15岁的女孩小常性格开朗，对人从不设防。有一天，她在浏览网页时，突然QQ对话框弹了出来，一个自称"潇洒人间"的陌生人申请加她为好友。小常虽然感觉有些突兀，但是也没拒绝。

在聊天的过程中，小常觉得"潇洒人间"说话直爽、幽默，而且非常理解她的想法。于是，就渐渐地把他当成了倾诉的对象，常常跟他说一些自己的烦恼和对父母及学校的抱怨。

有一天，小常因为考试成绩不理想受到了父母的批评，心情很郁闷，于是上网找"潇洒人间"发泄情绪，"潇洒人间"很耐心地安慰了她半天，最后发出了这样一条消息："既然心情这么糟糕，不如出来我们一起去唱卡拉OK放松放松？"见对方要见面，小常有些犹豫，虽然常常一起聊天，但毕竟还是从未见过面的陌生人啊。"潇洒人间"看她半天没有回复，就又劝说道："那么不开心，待在家里越待越烦，还容易和父母吵架，出来散散心，心情就好了。你就跟父母说，跟同学一起去书店逛逛。"看到这里，小常动心了，答应了与"潇洒人间"见面。

一到卡拉OK门口，小常见到"潇洒人间"一身休闲装，还戴着眼镜，很斯文的样子，心里顿时放松了许多。于是就和他一起来到了包间唱歌、吃东西。"潇洒人间"还特意给小常点了果汁，并且嘱咐她不许喝酒，小常心中的警惕性一点点消失了。玩着玩着，小常突然觉得有些头晕，站都站不稳了，"潇洒人间"上前扶她在沙发上躺下，对她说："你睡会儿吧，估计是最近忙考试累了。"小常还没说出感谢的话就陷入了沉睡中。

过了很久，小常模模糊糊地醒过来，浑身酸痛，发现自己光着身子，衣服被脱下来扔了一地，而昏暗的包厢里"潇洒人间"早已不知去向。小常顿时明白发生了什么事情，她伤心欲绝，却不敢告诉父母。

遭遇了这场劫难后的小常变得情绪低落，时常神志不清，渐渐患上了严重的抑郁症，只能退学在家。

女儿，看完这个案例，你是不是也感到不寒而栗呢？网络给予了人们极大的便利，拓展了人与人之间交往的空间，越来越多的陌生人通过网络相识。网络世界的虚拟性，使得人们在交流的过程中可以无拘无束，畅所欲言。然而，也正是这种虚拟性给了犯罪分子可乘之机。近年来，女孩因为约见网友而遭遇抢劫、诈骗、性侵等的恶性案件频频发生。

某初中女生因为一时贪玩，放学后与男网友见面聚会，结果被强奸；
某女孩与网友相约见面，结果被男网友将手机及身上钱财抢劫一空；
……

虽然这些犯罪分子最终都受到了法律的制裁，然而他们带给那些女孩的却是一生都难以抚平的伤害。

女儿，如果你也有网络上结识的朋友的话，爸爸希望你能提高警惕，谨慎对待。一方面，不要把对方想象得过于完美，在与他们沟通交流时要保持理智，头脑清醒。通过空间、日志等多种渠道来对他们的实际情况进行多方面的了解。另一方面，不要轻易地答应陌生网友的约见请求。如果有一天你真的遇到了非常想见的网友，那么一定要注意从以下几个方面来保护自己。

1.务必提前告知父母

女儿，请记住，我和你的妈妈是这个世界上最爱你的人，我们愿意倾听你的心声，也希望你能跟我们倾诉，我们希望成为你最好的朋友。所以，无论何时，你想见什么样的人都一定要事先告诉我们。我们要求你这样做并不是不信任你，而是为了更好地保护你。

2.请父母或者朋友陪同

为了你的人身安全，无论何时请一定不要单独赴约。如果你不希望爸爸妈妈陪伴，那么至少要叫上几个好朋友陪你一起去，并让爸爸妈妈知道你所去的地方。

3.约见的时间和地点一定要安全

首先，一定要约在白天，而不是晚上见面。其次，见面时，一定要约在你熟悉的公园、商场、快餐店等地方。这些地方既适合正常聊天，人又多，一旦发生危险，你随时能找到人求助。

4.时刻保持警惕之心

与网友见面时要时刻保持警惕，不要随便喝任何饮料，也不要随意地吃任何东西。不要根据面相来主观地判断网友是个好人，也不要因为不好意思而没有拒绝他的一些不当要求。

5.千万不要被任何要挟吓倒

为了确保自己的犯罪行为得以实施，坏人最擅长的就是恐吓和要挟。如果你遇到了这种人，千万不要惊慌失措，更不要盲目屈从于坏人，可以与对方机智周旋，或者拖延时间。在确保安全的情况下，可以大声呼救，以引起周围人的注意。

我的女儿，网络交友隐藏着很大的风险，因此，爸爸还是希望你能多交一些身边的、现实中的好朋友。

不要沉溺于各类网络游戏

女儿，你喜欢玩网络游戏吗？你的同学、朋友也玩网络游戏吗？在学习之余适当地玩一会儿，爸爸是不反对的。但是，如果像下面这个案例中的小慧那样，不但玩游戏玩得着了魔，甚至还把爸爸妈妈的血汗钱挥霍一空，那就太可怕了。

2017年6月，11岁的小慧家里传出来一阵激烈的吵闹声，小慧的爸爸愤怒地斥责女儿，小慧则大声地哭着。原来小慧由于沉溺于一款网络游戏，而偷偷地花掉了家中近11万元的巨款。

事情还要从3个月前说起。正在读六年级的小慧是一个非常乖巧、懂事的孩子，学习成绩也很好，一直是父母的骄傲。因为爸爸妈妈工作很忙，小慧放了学常常一个人待在家里，忙完了作业就看会儿书。

一天课间，小慧发现好朋友小冉在跟几个同学热烈地讨论着什么，她凑上前去问道："你们在说什么呢？这么兴奋。"小冉笑笑说："去去去，你个书呆子，来凑什么热闹！"小慧一听更好奇了："什么东西不能跟我说啊？"小冉叹了口气说："你还真执着，我们在聊网络游戏呢，你玩吗？"小慧摇了摇头，"我就说嘛，你肯定不玩。"小慧说："有那么好玩吗？看你们那么痴迷。"听到这话，那几个同学都七嘴八舌地说起来："当然，超级好玩！超酷……"

就这样，在同学们的带领下，小慧也玩起了网络游戏。一开始，小慧每天只是写完作业后玩一小会儿，但因为她是新手，总是频频失利，好久也达不到理想的目标。小慧的好胜心被激起来了，于是每天玩的时间越来越久，当然级别也越来越高。

慢慢地，小慧发现玩网游不仅要技术好，还必须要购买好的装备才行。

网络是把双刃剑，别不小心伤了自己

于是她悄悄地将爸爸的银行卡关联上了自己的手机，并且试出了银行卡的密码正是自己的生日。这下，小慧便在网游的道路上"畅通无阻"了。

当爸爸发现银行卡不对劲时，小慧已经累计消费了近11万元的巨款，而这些钱原本是爸爸妈妈打算用来买房子的血汗钱。

女儿，你看到了吧。网络游戏具有多么大的诱惑与魔力啊，就连小慧这样原本十分乖巧、懂事的孩子，一旦陷进去也完全迷失了方向，铸成大错。在现实生活中，除了像小慧这样偷偷用家里的钱去打网络游戏，渐渐沉溺其中，结果花费巨款的孩子外，还有的孩子甚至为此付出了生命的代价：

2016年6月，浙江一名13岁的孩子因玩游戏的手机被没收，从4楼的家中跳下摔伤。

2016年8月，莆田市的一名12岁少年因沉溺于网游，连续打了5个小时游戏后猝死。

网络游戏充满了紧张、刺激、惊险的情节，在游戏中玩家可以相互合作、竞争、对抗。一方面能想干什么就干什么，不需要负责任，也不需要考虑后果，随心所欲，为所欲为；另一方面还可以感受到成功的喜悦，获得不断升级的成就感。正是因为这些特质，网络游戏在广大的青少年中越来越风靡，但同时也给青少年造成了很多危害。

1.影响学业

一旦沉溺于网络游戏，少则一两个小时，长则七八个小时都奋斗在游戏当中，根本无法保证充足的学习时间和精力。

2.影响身体健康

长时间端坐于电脑跟前，身体会受到电磁辐射，并且损伤视力。而且长久不变的重复机械姿势还会导致腰酸背痛、关节炎症等，严重影响身心健康成长，甚至导致部分孩子过劳死。

3.影响心理健康

网络游戏中充斥着暴力、色情、欺诈等不良的情节，很容易让人沾染上不良的习惯，形成暴躁的脾气。另外，沉溺于网络游戏会使人长期缺乏社会交往，与现实生活脱节，导致自我封闭、自以为是等心理疾病。

有人说，网络游戏就如同"电子海洛因"，一旦碰触到就难以自拔，难以摆脱。我的女儿，爸爸可不希望你沾染上这一恶习。不如我们一起来做个约定吧：

1.不接触各种类型的网络游戏

网络游戏充满了诱惑力，别说孩子，就连成人都很难经受得住诱惑。所以，女儿，如果不想沉溺于网络游戏，最好的办法就是不接触这些游戏。

2.不要因为从众心理而玩游戏

很多孩子之所以开始玩网络游戏是因为同龄的朋友们都在玩，自己不玩就感觉格格不入，担心会被朋友们排斥。女儿，如果你也是出于这样的心理而想要接触网络游戏，那么爸爸不得不说，这样的朋友不交也罢，还是多结交一些与自己志同道合的朋友吧。

3.如果游戏上瘾，坦诚告诉父母，努力戒除

女儿，如果你不小心掉入了网络游戏的大坑，不要有心理负担，也不要担心受到责骂。千万别隐瞒，一定要及时告诉爸爸妈妈。我们会与你共同面对，努力戒除这个不良的习惯，帮助你健康成长。

扼制虚荣心，网络直播伤不起

随着网络技术的发展，各种网络直播平台也层出不穷。据不完全统计，当前大概有150多家直播平台，超过2亿用户，每个月的活跃用户数量达到了千万以上。

无论是明星，还是普通人，只要有新奇的想法、点子，只要直播的内容能够吸引人的眼球，就能在很短的时间里聚集人气，甚至成为赫赫有名的网络主播。女儿，在你们同龄人中是不是常常会讨论一些关于网络直播的话题？你们可要小心对待哟，可要有超强的自制力和判断力，避免像下面例子中的小然那样付出巨大的代价。

13岁的小然是上海的一名初一学生，有一天在网上浏览时发现了一个直播平台——××直播，看到那么多人都注册了自己的账户，直播自己的生活、兴趣、爱好，受到那么多粉丝的追捧，小然不觉有些心动了。

因为妈妈对网络不是很熟悉，所以很多时候都需要小然帮忙上网注册、支付、转账等，所以当看到××直播需要用身份证注册登录时，小然很自然地就填入了妈妈的个人信息。

日常生活中的小然不太擅长交朋友，因此经常独自一人在家画画、做点儿小手工、搞点儿自己的小爱好等。自从有了××直播账户，小然开始把自己的这些爱好做成直播上传，没想到深受人们的喜爱，不知不觉就积攒了近2000粉丝，这让小然非常有成就感。而相应地小然也开始有了自己关注的人，并且开始跟随其他粉丝为自己喜欢的人打赏，以期获得对方的关注，成为好朋友。

打赏是需要金钱作为后盾的。刚开始，小然还能用自己的零花钱和压岁钱保障支出，渐渐地，这些已经不够用了。小然开始打起了妈妈账户的主意。第一次，小然只是悄悄地转了几百块钱，当她发现妈妈对此一无所知、毫无察觉后，胆子开始大了起来。后来，当妈妈发现时，小然已经从妈妈的账户中转出了18万元！

爸爸相信，一开始小然玩网络直播时也是抱着十分简单的想法——分享自己的生活、爱好，多交一些志同道合的朋友。然而，很多事情往往不会沿着我们预想的方向发展。当你真的深陷其中时，各种诱惑与外力都会推动着你身不由己。就像案例中的小然，一开始是分享，后来就开始给别人打赏，到最后居然发展到了偷用妈妈的钱款。

女儿，你可能认为，一般情况下这些网站都有网络监管和提醒，是的，在××直播的充值界面上也是有相应的服务协议和特别提醒的，其明确指出"未成年人使用××公司的美币充值服务，必须得到家长或者其他监护人的同意"。

但是，我的女儿，当受到网络直播的诱惑和吸引时，这种类似免责声明的提醒又有多大的约束力呢？说到底，还是要靠使用者的自控力。所以，爸爸的意见是，作为对自己的约束力和行为控制薄弱的未成年人，你还是尽量别去触碰网络直播吧。

不过要做到这一点还真是不太容易，因为你们这一代人不再仅仅是网络信息的被动使用者和接受者，而且正逐渐变为参与者和创造者。所以，如果你还是希望对网络直播有些许涉入和关注，那么至少要做到以下几点：

1.关注直播中积极正面的内容

女儿，其实任何一种网络形式都是有其优缺点的。如果你善于利用其优点，多关注其积极的一面，获得的就是好的影响和收获；反之，则是坏的影响和危害。

网络直播作为一种新型的传播渠道，不仅仅是一个造星平台，更多的是利用其灵活性和互动性，将最新的资讯、产品、新闻等传播给广大的观众。

因此，你不妨多多关注一下网络直播中这种健康向上的内容。

2.不虚荣，不攀比

女儿，如今的网络直播鱼龙混杂，这就需要你们明辨是非，明确自己的目的，不去做无谓的攀比和竞争。要时刻记住，你们手中所掌握的金钱都来自爸爸妈妈的血汗，你们没有挥霍的权利。

3.直播内容要健康，且注重保护个人隐私

女儿，如果你希望通过直播平台来展示自己的才艺和兴趣，交更多的朋友，有更多的共同话题，对于这样的直播尝试爸爸还是赞成的。但是，切不可为了所谓的圈粉，为了吸引更多的关注而剑走偏锋。

另外，在直播中你一定要注意保护自己的隐私，切不可疏忽大意，更不可为了直播的真实性和实时性，而忽视了对自我的保护。

4.玩直播要有节制

我的女儿，你现阶段的主要任务是学习，因此，在做网络直播时一定要做好规划，不要更新频率太高，最好是在学习之余玩。另外，每次直播的时间也不能太长，以免影响到学习。

女儿，虽然你们年轻一代的网络应用能力超强，但是毕竟认知能力有限，对是非判断的能力不足。因此，爸爸还是希望你能慎重一点儿。记住，要让网络成为你成长道路上的好帮手，而不是绊脚石。

网络购物或微信朋友圈购物要当心

女儿，你们对网络的熟练程度和利用深度真的令我们这些成年人咋舌。你们不仅在网络上学习知识、查找资料，就连日常的购物也都从现实世界转

移到了虚拟世界。网络的便利性在你们身上真的是体现得淋漓尽致，但是，网络毕竟是虚拟的，有一定的隐蔽性和不可预知性。瞧，文文就遇到了这样的一件事：

为了更好地促进文文的学习成绩，妈妈一直很想给她买一款学习机。母女俩比较了很多大品牌的学习机后，最终锁定了几款价格在2000元左右的机型，只等有时间的时候一起去商场购买了。

这天，文文闲暇之余正在刷自己的朋友圈，突然发现有一个朋友辗转介绍的人在卖一款学习机，号称"名师辅导，在线答疑"，同时还附了很多顾客的好评，而价格却只需要几百块钱。

文文认真比较了自己心仪的那款品牌学习机和这款"物美价廉"的学习机的各项功能后，发现朋友圈卖的这款机器除了品牌不是太知名，在实际的应用上一点儿也不逊色于大品牌，甚至还有过之而无不及。

文文与商家进行了联系，经过一番激烈的讨价还价，商家说，只要文文马上下单，就能获得9折优惠。文文很兴奋，想着给妈妈一个惊喜，于是就先斩后奏用自己的压岁钱下了单。

几天后，学习机到货了。文文开心地拿给妈妈看，母女俩按照说明书研究了半天却发现实际的功能与微信上所展示的差别很大。当文文想要质问微商时，却发现自己已经被拉黑了，联系不上那个人了。

随着人们网购消费习惯的形成，微商、网络代购以一种新型的购物形式出现在人们面前。随意打开自己的朋友圈都能看到各种各样的微商信息，从食品、化妆品到电子产品等，琳琅满目。出于对朋友的信任，往往我们会认为朋友圈的推荐是可靠的。然而，很多时候这些微商的信息都是辗转很多人来到你的面前的，因此到最后所谓的朋友圈也不一定都是朋友的存在了。

当朋友圈逐渐变成生意圈，一系列网购的问题也接踵而来。有的是买了名不符实的产品，就如文文的遭遇；有的则是付了钱后直接被拉黑，连产品都没见到；还有的是挂羊头卖狗肉，卖的是虚假产品……

女儿，网络购物已经成为未来发展的趋势，爸爸自然也不会因为网购中存在的各种问题而限制你对网络的应用。那么，我们如何才能一方面享受网上购物的便捷，另一方面又成功避开网上购物的一个个雷区呢？

1.不轻易添加微商进入朋友圈

所谓的朋友圈，其实就是一群朋友在网络上沟通交流的平台，因此，女儿，不要轻易添加陌生人或者微商进入自己的朋友圈，将一潭湖水搅浑。在微信中设置好添加好友必须通过验证的条件，确保每一位进入你的朋友圈的人都是可信任的。

2.尽量在有保障的大型网络平台购物

女儿，网络购物接触不到实物，看到的只是图片和商家的广告、介绍，凭借的是自己的主观感受来下单，难免有看走眼的时候，需要退换货也很麻烦。从这一角度而言，还是要选择信誉较好的大型电商平台，它们通常会有严格的付款程序，并会设置保障资金安全的第三方监管，有效地维护了消费者的利益，保障了退换货的顺利进行。

3.对于价格过低的商品要谨慎

俗话说：一分钱一分货。女儿，如果你发现有的商品价格出奇的低，那么一定不要傻傻地以为自己捡到宝了。要知道，没有一个商家会做赔本的买卖。因此，切记谨慎对待低价商品，不要盲目购买、冲动消费。

4.网络购物要尽量核实经营者状况

女儿，在选择网购前，一定要对经营者和产品状况进行必要的了解，查看一下经营者的信誉、经营规模、送货方式，以及买家评价等，以此来做出是否购买的判断。

5.注意保留交易信息，降低购物风险

女儿，当你需要网购商品时，要记得询问得细致一点，全面一些。注意

保留好交易前的聊天记录、交易后的付款凭证、卖家的联系方式等，以备不时之需。

　　总而言之，女儿，网购有风险，付款要谨慎，不要在不正规的网络平台上购物，以免泄露自己的账户信息，也不要购买过于贵重的物品或者需要售后服务的大宗商品。

第八章

女孩最好的
防卫武器是自己

　　女儿，针对可能的危险和伤害，爸爸在这本书里给你讲了很多种方法，但是你知道保护自己最有力的武器是什么吗？家人的保护？朋友的帮助？警察叔叔对坏人的惩罚？都不是。最好的防卫武器是你自己！是你强大的内心，是你智慧的大脑，是你强烈的自我保护意识，是你熟练掌握的自我保护技巧……

强大的内心是保护自己的最有力武器

女儿，你知道保护自己最有力的武器是什么吗？犀利的语言？强健的身体？巧妙的格斗技术？不，这些都不是，答案是"强大的内心"。当你拥有了一颗强大的内心之后，遇到任何事情时才不会害怕、担忧、慌乱。内心的强大、沉着、冷静在很多时候能帮助你逃离最危险的境遇，让你绝处逢生。

2010年8月11日是13岁的小关永生难忘的日子。

这一天傍晚，她正独自在村子里的广场上玩耍，眼看天要黑了，她正准备回家，突然一辆白色的面包车急速开到了她的身边，车子刚一停下就有两名陌生的男子跳下车，冲她跑过来。小关一下子被吓傻了，站在原地不敢动弹，任由两名男子将她套在一个大麻袋里拉到了车上。

极度恐惧的小关一上车后才反应过来自己是被人绑架了，于是她开始挣扎，并大声地哭了起来，耳边顿时传来一名男子恶狠狠的威胁："闭嘴，不许哭！再哭老子就把你大卸八块扔到河里去。"听到这些话，小关突然想起了老师曾经讲过，遇到危险时要冷静，不能激怒匪徒。于是，小关装作被吓到了的样子，顺从地闭上了嘴巴。

车子一直在开，小关感觉已经离家很远了。大约开了2个小时后，车子停下了，小关被绑匪带下了车，关在了一间房子里。小关假装被吓坏了，表现得非常胆小懦弱，任由绑匪摆布。让她坐在哪里，她就听话地坐在哪里，一句话也不敢说。绑匪要把她的手脚绑上，她也没有挣扎。看着小关这么顺从听话，绑匪们对她也没那么凶了。

小关安静地坐了一会儿，开始寻找机会逃走。眼看绑匪们没有出门的意思，小关假装害怕的样子，轻声对绑匪说："叔叔，我，我想去厕所。"绑匪瞪了小关一眼，小关赶紧解释道："我实在是忍不住了。"绑匪想了想走过来给她松了绑，带她去了屋后面的厕所。小关进去一看，发现厕所是没有屋顶的开放式的，便使出吃奶的劲儿翻过厕所的墙逃了出来。

小关小心翼翼地顺着马路一会儿跑，一会儿走，从晚上一直走到了第二天的下午，当看到路边执勤的交警时，她顿时满脸泪痕，再也走不动了。在交警的帮助下，小关终于安全地回到了家中。

我的女儿，你看到了吧，面对突如其来的灾难和凶恶的绑匪，13岁的小关之所以能够自救，正是凭借着自己强大的内心，保持了冷静和沉着。在被陌生人强行带走后，小关并没有一味地哭闹，而是审时度势地选择了静默，保护了自身不受到进一步的伤害。她用自己的顺从和听话麻痹了犯罪分子，让他们放松了警惕，最终想办法为自己制造了逃跑的机会。

拥有一颗强大的内心，可以帮助你在面对危险时尽快冷静下来，保持清醒的头脑，迅速对当前的形势做出判断，并采取相应的对策。

曾经有这样一个案例，犯罪嫌疑人一连强奸并杀害了多名女性，唯独"手下留情"留下了其中一位女性。就是因为这名女性在黑夜中被犯罪嫌疑人劫持后，用自己的顺从和配合麻痹了犯罪嫌疑人，但是她却默默地记住了罪犯的特征，并伺机拍下了犯罪嫌疑人的车牌号，为警察提供了有效线索，最终将犯罪嫌疑人迅速抓捕归案。

当然，我的女儿，要构筑强大的内心可不是仅凭说说就能做到的，它需要有周密的措施和行动作为保障。那么下面爸爸就来谈谈，在面对凶徒时，我们能做些什么来安抚慌乱的内心，保障自己的安全呢？

1.深呼吸，保持镇定

女儿，爸爸深知，这一点说起来容易，真正做起来是多么不容易，尤其是当你面对力量悬殊的陌生凶徒时，心肯定会怦怦直跳。那么，尝试着深呼吸，悄悄地在心里告诉自己，一定有办法，一定能够获救，让自己的内心逐渐平静下来。

2.留心周围的景物和人

在被坏人劫持后，无论是坐车还是被关到密闭的屋子里，都要时刻注意观察。一方面可以根据周围的景物判断出自己所处的位置，寻找逃生路线，或者留下相关线索；另一方面认清劫持你的人的特征，便于之后报警指证。

3.用顺从和听话来麻痹对方

女儿，当遇到危险人物时，不要盲目地反抗，尤其是当坏人情绪激动时，更不可过于激烈地抗争，以免激怒坏人，危及你的人身安全。你的顺从会让坏人放松警惕，当你提出上厕所等请求时更有可能获得他们的同意，从而为自己创造逃跑的机会。

4.一旦脱离险境，迅速找到电话报警并联系家人

女儿，如果你侥幸逃离了犯罪分子的监控，一定要迅速找到电话报警并告知家人，以防自己不小心再次落入他们的魔爪，或者在逃跑的路上走失，要确保自己能够安全回家。

我的女儿，爸爸妈妈不可能寸步不离，永远守护在你的身边。所以，构筑并拥有强大的内心是能够使你尽快摆脱不幸，实现自我救助的秘密武器。

自尊自爱是保护好自己的基本前提

我的女儿，随着时间的流逝，你一天天长大了，由一只胖嘟嘟的"丑小鸭"蜕变成了亭亭玉立的"白天鹅"。除了身体的成长，你的心理也开始成熟，开始关注与异性之间的关系。是的，你已经步入了一生中非常重要的阶段——青春期。那么，在这个时期中如何才能保护好自己呢？首要的一点就是要自尊自爱。

2014年10月的一天，初中女孩小乐晚上8点多去找好朋友晶晶玩。走到半路时，迎面走过来一群正在说笑的男孩，小乐低着头正准备从他们身边走过去，突然听到一个声音在喊她，"小乐？这么巧，你这是要去哪儿呀？"小乐惊诧地抬起头，发现原来是自己一直默默喜欢的小学同学小锋，再仔细一看，人群中居然还有4个男孩也是自己的小学同学，另外4名男孩则是小锋他们新结识的朋友。

大家一看原来是老同学，顿时停下脚步寒暄了起来。聊了一会儿，小锋说："要不跟我们一起去海边散散步吧。大家许久没见了，多聊会儿。"小乐看着一群男生有些犹豫："这大晚上的，我一个女孩跟你们在一起不太合适吧。"小锋他们一听笑了起来，"你这都什么封建思想啊，大家都是朋友，有什么不合适的，走吧！"经不住大家的劝说，再加上小乐也有点想与小锋多相处一会儿的想法，于是就半推半就地跟着他们一起来到了海边。

走在空无一人的海边，身边是自己暗恋的男生，小乐心里开心极了。平时话不多的她，今天仿佛打开了话匣子，不停地与小锋聊这聊那。小锋也似乎从未像今天这样关注过小乐，看着小乐的神情十分专注。

不知不觉一个小时快过去了，4个新认识的男孩突然聚在一起嘀嘀咕咕起来，边讨论边看着小乐。小乐被他们看得有些不自在，正想跟小锋说该回家了。结果,那4名男孩却突然将她拖到了路边的树丛里,摁在了地上。小乐被吓坏了,拼命想呼救,可是却被一个男孩捂住了嘴巴。小锋等人被这突如其来的状况吓了一跳,然而在弄清楚这几个男孩的不良企图后,却没有对小乐采取实质性的保护措施,只是口头上劝说了几句,见他们不肯放过小乐,于是就自顾自地在一旁聊起了天。就这样,在夜晚的海边,小乐绝望地被几个刚刚认识的男孩给侵犯了。

后来小乐在家人的陪同下去报案,当警察听说1个女孩居然独自与9个男孩在夜间外出散步时,被惊得目瞪口呆。

我的女儿,这个案例是不是看得你心情很沉痛?你可能会想,小乐似乎也没有做错什么啊?她并没有引诱对方,跟她一起的都是同学啊,但是,女儿,你仔细想想,作为一名花季少女,在晚上与一群男孩去僻静的海边散步,这种行为本身是不是非常不妥呢?

其实,小乐一开始不是没有想到这一点,她原本也是有顾虑的,但是,当被自己心仪的男孩劝说时,她却没有坚持自己的原则,放弃了自己的主张,失去了自我保护的意识。她所承担的结果也是极其惨痛的。

女儿,每一个女孩都是一朵含苞待放的花朵,需要细心的呵护与精心的照顾才能绽放出美丽,要懂得自尊自爱、洁身自好。

所谓自尊就是作为女孩要懂得尊重自己,维护自己的尊严,既不卑躬屈膝,也不允许别人歧视自己。所谓自爱就是要懂得爱惜自己的身体和名誉,坚决不能把自己置于危险的境地,坚持自己的价值观和道德底线。只有这样,女孩在人际交往的过程中才能赢得尊重,才能掌握主动权。

那么,如何才能做到自尊自爱呢?爸爸有以下几个建议送给你:

1.言行举止要大方、得体

在与异性交往的过程中,要时刻注意自己的言行。举止端庄,言谈稳重,切不可谈论不健康、色情的话题,更不要随意与异性打闹,甚至进行身体上的接触。

女儿，请记住，当你自己的言行端正时，自然而然就会形成一种气场，一种威慑力，让对方不敢也不能对你产生非分之想。

2.注意交往的时间和场地

女儿，在与异性交往的过程中，尽可能不要单独与其外出，不要去偏僻、隐秘的地方，尤其是隐含不安全因素的娱乐场所。如果要出行尽可能选择白天，无论什么原因都不要在夜晚出行。

3.勇敢地对性骚扰说"不"

女儿，一定要记住，隐忍和逃避只会助长邪恶之人的胆量，而不能保护自己。所以，当遇到性骚扰或者异性纠缠时，要勇敢地对他们说"不"，态度明确、严词拒绝、摆明立场，坚决不要妥协。

女儿，自尊自爱的人，也更容易赢得别人的尊重，即便是坏人，对一个自尊自爱的人也难有可乘之机。所以，女儿，保护好自己的前提就是有一颗自尊自爱的心。

智慧的大脑是自救的最大保障

女儿，关于如何保护自己，以及不同情况下应该采取什么样的措施，爸爸已经讲了很多。但是，方法和技巧是死的，现实情况却是多变的。所以，一旦遇险，你不要只知道生搬硬套，而要懂得利用智慧去与对方周旋，多想办法。要记住，智慧的大脑是你自救的最大保障。

2013年4月2日的早上，家在湖北仙桃市的小月正一蹦一跳地走在上学

的路上。这时,一位中年妇女挡住了她的路,并拿出一根漂亮的棒棒糖说:
"小朋友,要不要吃棒棒糖啊?"小月心里一惊,但是强作镇静地笑着说:
"谢谢阿姨,我妈妈不让我吃糖。再见了,我要去上学了!"

当小月想绕过对方继续前行时,却被中年妇女一把给抓住了:"不行,
你不能走,我专门来找你的,你哪里也不能去。"小月一边使劲儿想挣脱她
的手,一边大声呼救。中年妇女见状立刻用手死死地掐住了小月的脖子,恶
狠狠地说:"不许叫,再叫我就掐死你!"

小月惊恐地看看四周空无一人的街道,想到妈妈说过遇到危险时一定要
注意保护自己的人身安全,于是停止了反抗,顺从地说:"阿姨,我听话,
你别掐我!"中年妇女慢慢松开了小月,看到小月果然没再叫,于是就放
心了。

中年妇女牢牢地抓住小月的手,拉着她穿过一条小路,走到了旁边的公
路上。小月眼见离家越来越远,虽然心里很着急很害怕,但是看到路上也没
有遇到可以求助的人,只能默不作声地随着中年妇女往前走。

她们正走着,迎面突然看到有两个警察在巡逻。中年妇女悄悄地威胁小
月说:"不许乱说话,否则我就杀了你,让你再也见不到爸爸妈妈!"小月
一副吓傻的样子直点头。

随着与警察的距离越来越近,小月一直乖乖地并没有任何异常反应,中
年妇女心里稍稍放松了警惕。然而,就在双方要擦身而过的瞬间,小月突然
猛烈地挣脱中年妇女的手,跑到了警察身边,抱住其中一个警察的腿大声哭
喊道:"她不是我妈妈!"听到这句话,警察立刻警觉了起来。

中年妇女笑着解释说:"哎呀,警察同志,这孩子刚才调皮被我打了
一顿,所以就故意这么说,我怎么可能不是她妈妈呢!"她一边说,一边伸
手去拉小月。小月一看她要拉自己,赶紧跑到了警察的身后,并连忙解释:
"警察叔叔,我早上要上学,可是她把我带到这里来了。我叫××,在××
学校上学,我妈妈的电话是××……"中年妇女听到小月的话面露凶相,恶

狠狠地说："你这孩子编瞎话还编得很顺啊！胡说八道什么呀！"

警察在听到小月报的电话号码后，就拨通了小月妈妈的电话进行查证。事情很快真相大白，中年妇女被警察控制。6岁的小月凭借自己的智慧成功脱险。

女儿，你是不是很佩服案例中的小月呢？她真的是一个很有智慧的小女孩。虽然她的年龄并不大，但是她处理事情的方法却很成熟：

在孤立无援，受到生命威胁时，小月表现出了应有的顺从，有效地保护了自身安全。

当小月被人贩子带到公路上时，她发现路上并没有行人，于是放弃了无效的呼救，让人贩子以为她已经被驯服。

当远远地看到警察时，小月并没有急于反抗，而是用听话的假象麻痹了人贩子，从而一步步得以靠近警察，获得求救的机会。

当逃跑的机会来临时，小月果断行动，迅速跑到了警察身边，并立刻表明了与人贩子的关系。

当人贩子狡辩时，小月一方面躲在警察身后，确保安全，一方面清晰、准确地报出了自己的姓名、家庭情况、学校情况，便于警察做出准确的判断。

据知情人透露，小月的爷爷在她刚刚会说话的时候就试着教她将全家人的姓名、电话编成儿歌背下来。4岁时，小月就已经能背下自己学校的名字、地址以及老师的电话了。另外，爷爷还教小月在遇到坏人的时候不要慌，根据不同的情况采取不同的方法。比如路过人多的地方时，一定要大声喊救命。可以说，正是这一系列的事前安全教育，再加上智慧的大脑，小月才能如此顺利脱险。

女儿，现实生活中你也有可能会遇到类似的危险，当危险来临时你应该保持一颗冷静而智慧的头脑，因为与犯罪分子相比，你实在是太柔弱、太稚嫩了。因此，面对坏人硬碰硬绝对不是明智的办法，你也要像小月那样，善于运用自己的细心和智慧来实现自救。下面来看几点具体的方法：

1.尽可能地拖延时间，为获救争取机会

女儿，遇到危险时，可以尝试跟犯罪嫌疑人聊聊天，或者找一些理由拖延时间，转换地点，从而便于让更多的人发现自己遇险。

2.耐心地等待机会的到来

女儿，一旦危险发生一定要有耐心等待求救的时机。不是每一个时刻都适合你求救、自救，也不是每个场所都有利于你逃脱。因此，不要心急，要学会等待，用你的耐心来换取自身的安全。

3.不断尝试各种办法脱险

女儿，脱险的方式不是只有一种，你要根据实际情况不断地去尝试。不要因为害怕而不敢反抗，也不要因为一次的失败就放弃后来的机会。一定要有获救的信心，并不断尝试各种办法。

如果对方求财，那么一定要学会放弃身外之物来换取生命的安全；如果周围人流众多，那么一定要把握时机大声呼救；如果没有机会呼救，那么就想办法利用上厕所、吃饭等各种时机逃跑。你一定要记住，百密一疏，犯罪分子疏忽的时候，恰恰就是你获救的最佳时机。

4.机会一旦来临，果断行动

女儿，当你看到逃跑的机会时，不要犹豫，否则你的不安会出卖你，使你失去逃脱的机会。一定要果断采取行动，利用犯罪分子的措手不及为自己争取机会。

我的女儿，没有什么方法是万能的，也没有什么方法是一劳永逸的，但是当你学会用智慧综合利用各种方法时，你就拥有了自身安全的最强大的保障。

不可不知的自我防卫撒手锏

女儿，迄今为止，我们已经聊了很多关于安全意识、安全保护方面的内容了。但是，如果你细心体会就会发现在任何一项危险面前，最重要、最关键的防卫措施往往来自于你自己。换句话说，在面对危险时，有一些必要的自我防卫撒手锏才是对你安全的最大保障！

"香香，你带纸巾了吗？"为了赶着来上学，薇薇跑得满脸是汗，一到教室就狼狈地问好朋友香香。"有啊，你去我包里拿吧！"正在忙着擦黑板的香香对薇薇说。

薇薇跑到香香的座位上打开书包，翻了一下找到了纸巾："咦，这是什么？"薇薇很好奇地拿起一个鸡蛋一样的东西。香香回过头来看了一眼说："防狼的警报器啊！""防狼？防什么狼？这个怎么用啊？"香香走到薇薇的身边说："你瞧，这里有个拉环，一旦遇到危险，你一拉，它就会发出高分贝的报警声，而且关不掉，会一直持续20分钟，直到没有电了才停止。"

薇薇看着这个小东西，一方面感觉很惊奇，另一方面又觉得香香有些小题大做："你说你是不是有点杞人忧天了啊，你家住在市中心，小区安保严密，需要用门禁卡才能出入小区，上下电梯，而且刷门禁卡只能上自己的楼层，无法跨层。来学校上学只需要5分钟，你这法宝啊，我看根本就没有用武之地！"听了薇薇的话，香香正色说："如果用不上当然最好了，我倒是希望自己一辈子都不要用上它。但是我们不能因为用不上就忽视对自己的保护啊！作为一个女孩子，必须要有一些自我防卫的撒手锏才行！这是我爸爸帮我买的。"

香香看着薇薇若有所思的样子，不禁哈哈大笑。薇薇不好意思地说："嗯，你说的有道理，我也得准备一个。"

所谓撒手锏是指在最关键的时刻，用最拿手的本事给对方出其不意的打击。香香所携带的警报器就能在危急时刻给匪徒以猝不及防的打击。试想有哪个丧心病狂的暴徒会在那么急促、尖锐，且持续不断的报警声中还能泰然处之，继续行凶作恶呢？恐怕是警报声一响就避之不及了吧。

作为女孩子，从体力、力量、身体素质等方面与犯罪分子相比都是处于劣势的，如果想有效地保护自己，还要借助一些必要的防暴"武器"，作为保护自身安全的撒手锏。那么，除了香香所采用的警报器以外，还有哪些撒手锏可供女孩们使用呢？

1.防狼喷雾

防狼喷雾是一种非致命的防身器材，外观及大小就像口红一样，里面装备的是辣椒水等对人体有很强刺激性的液体。当遇到歹徒时，用它来喷射对方，最好能喷到眼睛上，里面的化学制剂会使歹徒产生眼痛、流泪、咳嗽、恶心、呕吐等剧烈反应，持续时间大约半小时，从而为自己逃脱争取时间。

2.强光手电筒

女儿，你一定没想到，就是日常我们使用的强光手电筒也能作为自卫的武器吧，它不但可以作为夜晚照明的工具，在必要时还可以用其强光刺伤歹徒的眼睛，痛击对方。当然，也有防身专用的强光手电筒，这种手电筒的防身效果更好。

3.沙土等一切可以利用的"武器"

女儿，我们看电视或者电影时，常常会看到有人会用沙土来损害对方的视力，没错，就是这种最普遍的东西，在必要时也能助你一臂之力。如果遇到歹徒行凶，必要时可以抓起一把沙土或干土撒向歹徒的眼睛，以便为自己争取逃脱机会。

另外，当危险发生时，要抓住一切可以利用的东西去反击，包括地上的木棍、石子，随身携带的水杯、书包等。不必过多地思考这个东西是否有用，能否起到反击的作用，只要能抓到就要去用。

4.女子防身术

女子防身术是女孩在受到或者即将受到不法侵害时，为摆脱或反击歹徒而进行防身自保的能力。其最大的特点就是实用，没有固定的招数和规则，可以自由发挥，使用所有可以使用的手段，只要达到目的即可。

女儿，现在很多培训机构都设有女子防身术的课程，爸爸支持你在假期去学习一下，从而掌握一门防身技能。

当然，说了这么多自我防卫的招数，爸爸最希望的还是你不会遇到任何居心叵测的人，平平安安地成长。

女孩自我保护的5大技巧

女儿，作为一名女孩子，你天生就具有善良、同情、博爱等特质，爸爸很为你骄傲，但是，这些人性的优点在狡诈的犯罪分子眼里也许就变成了最容易被攻击的弱点。所以，爸爸在这里要跟你谈谈如何在保持自我的同时，充分地保护好自己。

1.任何时候都不要让自己落单

研究表明，每天晚上11点到次日凌晨3点是犯罪的高发时期。在这个时间段要尽量避免出门，更不要单独行动。所以，女儿，千万不要在这个时间去挑战自己的幸运指数，也不要抱有侥幸心理。

2.让自己看上去很强大

女儿，你说说看，通常罪犯会挑选什么样的人下手？是漂亮的？身材好的？还是……有调查表明，犯罪分子在挑选"猎物"时，长相身材等并不是最关键的，他们挑选的往往是外表看起来柔弱的，没有什么反抗能力和反抗意识的女孩。所以，女儿，无论何时走在路上都要昂首挺胸，充满自信，让那些心怀不轨的人离你远远的。

3.留意辖区报警电话

每个区域有属于自己辖区的派出所和警员，与110相比，他们有着距离近、出警快、熟悉地形等特点，所以，一定要牢记辖区内的报警电话。在日常生活中可以关注一下小区宣传栏、楼道安全宣传等处的警员介绍，一般都会标有电话。

4.紧急呼救要简洁明确

一旦遇险，在呼救时要注意几个细节：

（1）尽量要用最简洁的语言来呼救，比如"抢劫！报警！"让周围的人第一时间明白发生了什么事情，而不是唠唠叨叨地叙述事情发生的经过，辩解与坏人之间的关系，没有人有时间和耐心去听一个路人的诉说。

（2）呼救的声音一定要尽可能大且清晰。这样在嘈杂的环境中，才能冲破喧闹被人们听到；在寂静的夜晚才能传递得足够远，让更多的人听到。

（3）要不断重复呼救。短促而重复的呼救能让越来越多的人迅速了解情况，从而获得帮助。

5.相信自己的第六感

当身处不良环境时，女性往往会有强烈的第六感，觉察到环境中发生的微妙变化，感知到危险即将来临。女儿，当这种感觉发生时，你一定要相信它，不要去深究为什么，也不要再继续等待，一定要迅速采取自我保护的行动，即使虚惊一场也好过坠入深渊。

我的女儿，请记住，在任何情况下你的生命都是最宝贵、最重要的。生命只有一次，而且是不可逆的。如果对方想要钱财，那么就把钱包给他，不妨丢得远远的，趁着对方去捡的时候，赶紧逃走。如果对方想劫色，在实在避免不了的情况下，保住自己的生命，保护自己不受更大的伤害才是重中之重。

提高自我保护能力的6个方法

女儿，每次爸爸提到安全、自我保护的话题时，你一定在想：去学校有老师、同学，在家有爸爸妈妈，那还有什么必要学习、了解那么多呢？其实不然，在很多时候，唯有提升自我保护的能力才是最根本的。那么，就让我们一起来看看，在日常生活中，你能做些什么来提升一下自己的能力。

1.具备强烈的自我防范意识

女儿，具备强烈的自我防范意识是提高自我保护能力的前提。就防范侵害的能力而言，女孩在这个社会中处于相对弱势的地位，而作为未成年的女孩而言防范能力就更差些。因此，要想更好地保护自己，女孩首先要具备强烈的自我防范意识，其次要努力提高其他方面的防范能力。

2.强身健体，提升防身能力

女孩之所以发生不安全事件的概率要远远大于男孩，体质弱、反抗能力差也占很大一部分原因。因此，日常要多加强锻炼，适当学习一些防身术。哪怕是天天跑步，也有利于提高自己的身体素质，从而使自己在面临危险时增加逃脱的概率。

3.学会随机应变，机智应对突发事件

没有人知道自己什么时候会遇到危险，也没有人知道自己会遇到什么样的危险。危险的发生通常都是突如其来的，所以，女儿，要想提升自我保护的能力就有必要提升自己应对突发事件灵活自救的能力。

由于父母工作忙，常常下班比较晚，正在上5年级的小叶每天放学后都是自己回家。这一天，她像往常一样乘电梯到了自己家所在的楼层，出了电梯往家门口走的时候，小叶突然感觉自己身后似乎跟着什么人，她警惕地回过头，发现是一个穿着黑色上衣的陌生男子边走边东张西望。小叶心想：之前怎么没见过这个人啊，父母不在家，我可不能冒险回家。于是，机警的小叶没有往自己家走，而是敲开了邻居阿姨家的门。后来，那个陌生男子便没有再跟上来。

女儿，看到了吧，小叶这就叫机智应变、灵活自救。在面临潜在危险时，没有冒险独自回家，而是转而求助于邻居。你也可以通过各种假想的场景来训练自己面对不同情况时该怎么做。

4.时刻保持警惕，远离不安全因素

俗话说：害人之心不可有，防人之心不可无。女儿，没有哪个坏人脸上贴着标签，也没有哪种危险境遇会明确地告知你。所以，要想远离侵害，不受伤害，自己必须要时刻保持警惕。不听信陌生人的话，不随便跟着陌生人走，随时留意周围环境中的不安全因素，保持强烈的自我保护意识。

5.拒绝各种诱惑，凡事安全第一

女儿，说起诱惑，你可能会觉得这个词离你很远。其实，爸爸在这里所说的诱惑并非特指所谓的好吃的好喝的那些实物的诱惑，还有一些无形的诱惑也存在危险。比如陌生人对你的赞美、朋友夜晚的邀约等，都可能让你头脑冲动地跌入陷阱之中。

15岁的美美常常跟朋友们玩"大冒险"的游戏。这天晚上上完晚自习，朋友们一起结伴回家的路上讨论起谁的胆子大，美美大言不惭地说："你们所有人都没有我胆子大！"在朋友们的起哄下，美美独自踏上了回家时必经的一条小路，并跟朋友们约定在××路口会合。

美美进入小巷不久就想起了爸爸曾经给自己讲过的安全知识，她顿时感觉毛骨悚然，但是自尊心让她又不得不硬着头皮、壮起胆子走了下去。

当朋友们见到安然无恙的美美时都佩服得不得了，而美美心里却暗暗后怕。

我的女儿，你瞧，美美所面对的也是一种诱惑——"打肿脸充胖子"的虚荣之心，而将自己陷入了十分危险的境地。还好，美美幸运地安全抵达，否则又将是多么大的遗憾啊。

6.学习安全知识，提升自己辨别是非的能力

作为未成年人，阅历不够丰富，心理不够成熟，很难识别出骗术。而对于这方面的经验也是无法单纯依靠个人生活积累的，因此，女儿，平时要养成通过新闻、网络等了解与女孩安全相关的事件，学习女性自我防护的方法，养成安全出行的习惯。通过学习，了解一些新的骗术以及可能出现危险的情况，从而来提升自己辨识善恶、好坏的能力。

我的女儿，爸爸妈妈不可能永远在你的身边，也不可能为你遮挡所有的风雨，你必须要通过不断学习来提升自我保护的能力，这样才能保护自己一生的平安。

求救信号要记清，危难时刻管大用

女儿，说到求救信号，你第一个想起的是什么？对，"SOS"。那么除了这个以外，还有哪些求救信号呢？以及如何正确使用呢？现在，爸爸就跟你着重聊聊这方面的知识吧。

2014年5月的一天晚上，家住某小区4楼的小路与妈妈独自在家，二人正坐在沙发上看电视，突然听到楼下传来一阵阵嘈杂声，还有很多人喊叫的声音。不明就里的小路跑到窗口一看，一股浓烟从2楼的窗口冒出，原来是楼下着火了。

妈妈一听发生了火灾，拉起小路的手就往门口冲去。结果门刚一打开，

一股浓烟就直冲进来，把妈妈呛得咳嗽起来。小路赶紧把门关上，她跑到卫生间把毛巾打湿后递给了妈妈一条："妈妈，别着急，您先用毛巾捂住嘴巴。咱们家的手电筒在哪里？"妈妈指了指卧室说："在卧室的床头柜里。"小路把妈妈安顿在沙发上后，迅速跑到了卧室里，很快便找出了手电筒。拿到手电筒的小路跑到窗口，只见火势越来越大，整栋楼都已经被滚滚的黑烟包围。妈妈在她的身后焦急地喊着："小路，你在干什么？小心点！"小路顾不上解释，将手电筒打开，对着外面用间隔闪烁的灯光发出求救信号。

此时消防官兵们已经到了楼下组织救火、救援。他们透过不断吞吐的火舌和黑烟在拼命寻找着火灾中的身影。突然一名消防员看到了4楼窗口小路发出的求救信号，便激动地叫了起来："快看，那里有人，在4楼！"根据灯光显示的位置，消防员们很快便制定出了救援计划，并顺利救出了小路母女俩。

现场得知情况的人们都为小路的机智勇敢赞叹不已，纷纷向她竖起了大拇指。

女儿，看了这个案例，你是不是也很佩服小路的机智勇敢呢？在危急时刻小路没有慌乱，先是用湿毛巾进行了自我保护，接下来又根据自己所学的知识，用手电筒发出求救信号，最终使得自己和家人获救。

求救信号能够放大求救者的目标，使其显示出与周围明显的不同，从而便于被救援者发现，实现自救。小路在这里所采用的方法就是利用手电筒的光线来使得自己在浓烟包围的一栋楼中格外突出，从而被消防员快速捕捉到。这种求救信号称为"光线求救"。在遇到危险的时候，除了利用手电筒，还可以用镜子反射阳光等方法求救，每分钟闪照6次，停顿1分钟后，再重复进行，直到有人来救助。

那么女儿，在危急时刻，除了上述所说的方式外，还有哪些可以采用的求救信号呢？下面就让我们一起来看一看。

1.声响求救

遇到危险时，我们通常会条件反射地大声呼救，就属于这种方式。另外，还可以利用哨子的声音，或者敲击脸盆、锅等能够发出声音的金属器皿，甚至是打碎玻璃、瓷器等物品向周围发出求救信号。

2.抛物求救

当在高楼遇到险情时，可以从高空抛下枕头、衣服、空饮料瓶等不易砸伤人的物品，引起楼下行人的注意，同时也指明了具体的方位。曾经有这样一个案例，一名女孩遇到入室抢劫的坏人，她悄悄地将衣服从窗口抛下，最终成功获救。

3.烟火求救

在野外遇险时，可以通过烟火来求救。不过要注意的是，如果是在白天，点火的目的是产生浓烟，通过烟雾来显示你的方位。可以试着点燃一堆火，然后在上面放置新鲜的树枝、青草等植物来使火堆发出烟雾。如果是晚上，则点火的目的就是产生巨大的亮光。所以此时就需要利用干柴，点起火堆，以便发出耀眼明亮的火光。

4.图形求救

最主要的就是你所熟知的SOS，这是国际通用的求救信号，可以说这3个字母不分国界、不分种族，不需要翻译，几乎人人都能看懂。当遇到危险分子时，可以悄悄利用笔、颜料等各种物品写出这几个字母来向周围人求救。当在户外遇险时，可以利用树枝、石块等一切可以利用的材料，在空旷的地上摆出SOS的字样。也可以将草地上的草拔除，形成SOS的图形。字要尽可能大，保持长度在5～10米，便于搜救人员发现。

5.摩尔斯电码求救

利用光线、声音、敲击等方法发出SOS的信号，确保频率是3短—3长—3短。每发送一组后，稍微停顿一下再发。地震发生时，很多被压在地下的幸存者采用的就是这样的方法，最终获得了救助。

女儿，你一定要牢记以上的这些求救方法。万一哪天置身于危险之中，它们就是你重获新生的关键。

关键时刻懂得拨打110、120、119等求救电话

女儿，当你遇到危险，人身安全受到威胁时，除了进行必要的自我防卫以外，还必须懂得找准时机，呼叫外援，也就是及时报警，拨打110等报警电话。

2017年4月的一天晚上，16岁的小莉正在家里无聊地看着电视，突然电话响了，是好朋友莎莎打来的："小莉，出来一起去吃消夜啊！"小莉看看外面天色已晚，有些犹豫："天都黑了，我就不出去了！""不行，你赶紧的吧，咱们×××夜市门口见哈。"

小莉到了夜市门口发现除了莎莎，还有另外两名男子。一看到小莉，莎莎就迎了上来，指着那两个男人说："这是我新认识的网友强哥，这个是强哥的朋友李哥。"小莉礼貌地打了招呼。一行四人就找了一个摊位开始吃起来。

4人吃饱喝足后，强哥送莎莎回家，李哥也自告奋勇地要送小莉回家。小莉推辞不过就一起往车站走去。夜晚的路上非常寂静，一个行人都没有，小莉正有些担忧时，坏事情果然发生了。李哥突然掐住小莉的脖子，把她拖到了路边的巷子中。一时间，小莉脑子里乱哄哄的，吓得手脚发软，她求饶道："李哥，求求你，放了我吧。我还是个学生。"李哥呵斥道："闭嘴！

跟我去河边的小树林，否则就掐死你。"小莉跟随着李哥跌跌撞撞地往小河边走去，一边走一边强迫自己镇定下来，她想起自己为了以防万一，曾经把报警电话110设置成一键报警。于是，她悄悄地把手伸到了口袋里，摸到手机拨出了1号键。

隐隐约约听到接线员的声音时，小莉开始假装跟李哥聊天："李哥，你轻点掐我的脖子，我听你的话，跟你走！我们从×××夜市到小河边的树林还要好远的距离呢，万一被人看到就不好了……"李哥听着小莉的话开始不耐烦了，挥手就打了她一巴掌："你哪儿来的那么多话啊！"小莉被打得惨叫了一声，她担心自己被这个脾气暴躁的恶魔灭口，于是说道："李哥，你别打我啊，那个小树林太不方便了，要不我们去宾馆开房吧，我知道这附近有家××宾馆。"李哥粗声粗气地说："看不出来啊，你还挺老练的。行，那就去宾馆。你说吧，怎么走。"

这一系列的对话都被110接线员听了个一清二楚。根据对话，民警判断出女孩遭到了劫持，并且是在×××夜市附近，正准备前往××宾馆。于是，辖区内110立刻出警，根据电话中提供的线索兵分几路展开排查。

大约10点20分，××宾馆里，正当小莉被李哥扑倒在床准备侵害时，警方破门而入，迅速控制了李哥。看到及时赶到的民警，小莉再也忍不住大哭起来。

我的女儿，你在看这个案例时是不是大气也不敢出一口，为小莉悬着一颗心呢？的确，这惊心动魄的两小时真的是太让人紧张了。好在机智的小莉及时拨打了110报警电话，并且在被人挟持的情况下，还能冷静、清楚地说明了事发地点、当前的事态等信息，从而使得110民警尽快找到自己，使自己获救。

你看，女儿，拨打报警电话也是个技术活，虽然说到110、120、119等号码，每个人都烂熟于心。但是，究竟该如何拨打这些电话？以及打通电话后需要说明哪些情况，提供哪些必要的信息，想必你并不是那么清楚吧，下面就让我们一一来了解一下吧。

1.110

当发生杀人、放火、强奸、抢劫、盗窃、斗殴等刑事、治安案（事）件时，当发现自杀、坠楼、溺水者时，当发现老人、儿童或智障人员、精神疾病患者走失时，当公众遇到危难孤立无援时，应立即拨打110报警。

要及时、就近报警，若情况紧急，当时无法及时报警，那么应在制服犯罪嫌疑人或脱离险情后，迅速报警。

报警时要按照民警电话中的提示讲清楚基本情况：求助的原因；犯罪嫌疑人的数量、特点、携带的武器；报警人所处的位置、姓名、联系方式；现场的状态如何；等等。注意表达清晰，如实表述，不可以夸大、歪曲。

作为未成年人，报警时应首先保护好自身安全。其次，要保护好现场，以便民警赶到现场提取痕迹、物证。最后，积极配合到场民警进行调查。

2.120

当需要医疗急救服务时，要拨打120急救电话。切记保持镇静，说话清晰易懂。

第一要讲清楚病人的年龄、性别，以及地址，务必要具体到房间号，如果不知道确切地址，至少要说明是哪条街，有哪些标志性的建筑物等。

第二要讲清楚病人的典型症状，发病时间，以及现在的表现和状态，比如昏迷、呕吐等。如果是意外受伤，则要说明受伤的原因及受伤部位的情况等。

报警后务必保持电话畅通，如果有条件尽可能到路口去引导救护车的及时出入。

3.119

当发生火灾时，要沉着冷静，立即切断电源，然后再拨打119报警电话。

简单明确地说明起火的详细地址，一定要具体到门牌号；说明起火的原因，是什么燃烧物着火，目前的火势大小，周围是否有易燃易爆的物品等。

讲清楚现场人员情况，有无伤亡，以及被困人员。

报警后要保持电话畅通，最好到路口指引消防车尽快赶赴现场。

在等待救援时，如果火情发生了变化，一定要及时告知，以便消防人员调整力量部署。

除了以上报警电话外，还有：

122交通事故报警电话。

999红十字会紧急救援电话。当遇到困难需要帮助，但是又不适合报警时，可以拨打此号码。

12110短信报警。当电话报警不方便时，可以把案情简短描述后，并附上地址发送短信报警。

12395是水上搜救电话。当乘坐轮船或者在海水里游玩发生事故时，拨打此电话会有专业海警实施救援。

女儿，在遇到危险的时刻，报警电话就是你的一线生机，一定要掌握这些必要的报警电话和报警知识，在关键时刻懂得利用它们，保护自己。

有必要了解一下法律意义上的"正当防卫"

女儿，任何人在受到侵犯或者危害时，都会本能地保护自己，并采取相应的措施，在这里就涉及了一个法律概念"正当防卫"。那么，什么是"正当防卫"？怎样才算是真正的"正当防卫"呢？

2011年5月的一天，小芸打算从广州乘坐火车前往厦门，结果没能买到当天的票，只好买了第二天的票。买完票后的小芸口袋里只剩50元钱了，囊中羞涩的她无法去宾馆住宿，只好在候车大厅呆坐着。正当小芸郁闷的时候，突然一个声音在耳边响起："姑娘，是不是遇到什么难事了？"小芸回头一看，是一位面容和善的60来岁的老人，于是就跟他诉说了情况。听完小芸的话，老人很同情地说："出门在外难免遇到不顺心的事情。不过呢，这事倒也不难解决，要是你不嫌弃就到我家住一晚上吧！"不谙世事的小芸一听可以不用露宿街头了，没有多想就答应了。

两人出了火车站，穿过几条巷子就来到了老人的家。一进门，小芸就有些疑惑了，一个窄小的房间里只放着一张单人床，这怎么能睡得开呢？而且男女同屋也很不方便啊！还没等小芸开口询问，就听见老人在她身后把门锁上了。小芸吓了一跳，转过身来时，那个和善的老人突然露出了狰狞的面目。

老人威胁她不许逃跑，否则就杀了她。慌乱中的小芸发现桌上有一把水果刀，在两人扭打的过程中，小芸用水果刀捅了老人几下，老人倒在了地上。小芸看着倒在血泊中的老人，担心他还会起来威胁她，于是再次用匕首继续捅向他的胸部，被连捅数刀的老人最终死亡。

女儿，看完了这个案例，你认为小芸的所作所为属于正当防卫吗？在判断这一点之前，我们先来看一看法律上是如何规定的：

我国《刑法》第二十条规定，为了使国家、公共利益、本人或者他人的人身、财产和其他权利免受正在进行的不法侵害，而采取的制止不法侵害的行为，对不法侵害人造成损害的，属于正当防卫，不负刑事责任。

正当防卫明显超过必要限度造成重大损害的，应当负刑事责任，但是应当减轻或者免除处罚。

正当防卫应该符合以下几个条件：

（1）正当防卫所针对的必须是不法侵害；

（2）必须是在不法侵害正在进行时；

（3）必须是针对不法侵害者本人实行；

（4）正当防卫不能明显超越必要限度，造成重大损害。

现在我们再回头来看看小芸的案例，当小芸第一次挥动匕首刺伤老人时，正处在不法侵害进行之时，在紧急情况下，她刺伤了老人，属于正当防卫。但是，当老人已经倒地，不具备侵害能力时，小芸却再次用匕首捅向老人的胸部，此时就属于防卫过当了。也正是这个原因，此案在判决时，法院认为，小芸在被害人倒地丧失抵抗能力后继续捅刺的行为构成了故意杀人。但是考虑到小芸杀人主观恶性不大，情节较轻，因此判处有期徒刑四年。由此可见，在进行自我防卫时切不可过激，要把握好度，以免由受害者变成了施暴者。

当然，女儿，你可能会说，在紧急情况下进行正当防卫，哪里还有时间思考什么过不过度啊。万一小芸第一次就已经把老人刺死了，那也算是防卫过当吗？女儿，你提的这个问题很好，爸爸得给你点个赞，这就涉及了一个新的名词，那就是"无限防卫权"。

我国《刑法》第二十条第三款规定，对正在进行行凶、杀人、抢劫、强奸、绑架以及其他严重危及人身安全的暴力犯罪，采取防卫行为，造成不法侵害人伤亡的，不属于防卫过当，不负刑事责任。

如果小芸在最初就已经把老人刺死了，而后并没有继续刺杀老人，那么这显而易见就是一次正当防卫。也就是说，差别就在于，你的正当防卫是否是在侵害正在发生时进行的。如果是，则属于正当防卫的范畴，反之，则不属于。

女儿，法律是用来保护人民正当权益，保护我们不受侵害的。我们在维护自己权益的同时也要注意克制自己的情绪，切不可逾越法律的界限，造成不该发生的后果。

第九章

无论何时，父母永远都是
你最可信的人

女儿，每个女孩都是父母的掌上明珠，每位父母都是女孩最可信赖的人。我们对你的爱是无私的，是深沉的，更是其他人任何人都给不了的。所以，女儿，无论遇到什么事情，遇到什么困难，你都可以跟父母说，都可以向父母求助。无论遇到多大的事情都不要把它压在心底，爸爸担心你稚嫩的肩膀承受不起。

每个女孩都是父母的掌上明珠

女儿，每个女孩都是父母的掌上明珠。不是有这样一种说法吗？"含在嘴里怕化了，捧在手上怕摔了，抱在怀里怕碰了"，这种爱或许你平时觉察不到，但是却深深地埋藏在父母的心底。

2003年那年，小秋才14岁，那时的她非常讨厌天天被爸爸妈妈管束着——每天必须按时回家，必须做多少套题，必须考多少分，除了学习还要学做各种家务。她十分羡慕自己的哥哥想做什么就做什么，想说什么就说什么，总能得到爸爸妈妈的支持。小秋觉得爸爸妈妈不爱她，她只是家中一个多余的人。

一天中午，她趁着爸爸妈妈午睡，悄悄地从宁夏的家中任性地出走了。然而，令她没有想到的是，这一走就是12年。

2015年12月18日，杭州的张警官在高速公路路口进行例行检查时，拦住了一辆黑色的大众车。张警官发现车里坐着两名年轻的女孩，他很有礼貌地说："您好，请出示你的身份证，或者说出你的名字和身份证号码。"其中一个女孩很快就说完了，另一个女孩却支支吾吾地说不记得身份证号了，这个女孩正是小秋。张警官礼貌地说："那麻烦你说一下原籍的家庭住址吧。"小秋犹豫了半天说："我原籍在宁夏，具体地址记不清了。"张警官听到这里，心里咯噔一下，"不会是被骗的女孩吧"，他警惕地看了看车里的司机和另外一名女孩，尽量平和地说："不好意思，那得麻烦你跟我到派出所一趟了。"

到了派出所，张警官特地把小秋带到了一个单独的房间里："说吧，姑娘，来到这里你就安全了。你是不是被坏人控制了？"小秋沉默了很久，才开口说："不是的。我家的确是在宁夏，不过我在12年前悄悄离家出走了。当时年龄小，不懂事，很不喜欢天天被爸爸妈妈管着，结果就走了，也没拿证明自己身份的东西。后来，时间一长，家里的电话、住址就忘了，再加上没勇气回家，就一直在外面闯荡。现在我倒是在杭州有了一份稳定的工作。"

听了小秋的话，张警官立刻想尽办法与宁夏的公安机关取得了联系。当小秋的爸爸妈妈见到她的那一刻，顿时痛哭不已。妈妈说："我的孩子，你是我们的心头肉啊！12年了，我和你爸爸一直守着老房子，不敢搬走，就怕你回家来找不到我们。12年里，我们找遍了大半个中国！现在终于又见到你了，我们真是太幸运了！"小秋也为自己当初的任性、不懂事后悔不已，连连道歉。一家人这么多年的心结终于解开了。

女儿，这个案例是不是看得你泪水涟涟？而爸爸看到这个案例时则对小秋与父母之间的心结唏嘘不已。对于12年前的小秋来说，她感受到的只有来自父母的压力和管制，所以她才会义无反顾地出走。然而，她却不知在那份严苛的管束之下，父母对她深沉的爱。为了寻找到她，历经12年爸爸妈妈都没有放弃，这12年的坚持里面又包含着多少的悲苦与艰难啊！很庆幸小秋最终安然无恙地站在了爸爸妈妈的面前，能够再次回到温暖的家中。

女儿，或许有的时候你也可能会像小秋那样，觉得爸爸妈妈蛮不讲理，限制你的想法，管制你的行动，不考虑你的心情，等等。你可能也会觉得爸爸妈妈根本就不理解你，不爱你。其实，这一切的出发点都是因为我们太爱你了。恰恰是我们对你太在意、太紧张，所以才会眼神总在你身上，担心你的每一个步伐，每一个想法出现偏差。

不过看了小秋的案例，爸爸也在反思，如何让你真切地感受到我们对你的爱，而不是误解这份爱呢？这里，我们不妨一起来做个约定。

1.爸爸妈妈会给予你充分的自由和空间

女儿，在确保你的人身安全的前提下，爸爸妈妈会尽量地让你自由地成长。我们会尽量在不侵犯你的空间，保持一定边界的前提下，对你进行指导和建议。孩子毕竟是孩子，你的阅历与经验远远不如我们丰富，对于我们合理的建议和指导，也务必请你认真考虑，适当接纳。

2.永远坦诚相待

女儿，出于对你的安全的考虑，爸爸妈妈很可能会对你管束过多，如果你感觉不舒服了，请告诉我们。爸爸妈妈一定会根据你的意见做出调整，或者我们可以共同商议一个可行的方案。没有任何一个方案是一劳永逸的，亲子关系只有不断地调整才能不断地优化，家里才能永远充满了爱和温馨。

3.保持良好的沟通和交流

女儿，现在你长大了，可能会觉得与爸爸妈妈有了很多代沟和分歧，但是爸爸希望这不会成为阻断我们沟通和交流的借口。爸爸希望你能够像小时候那样对我们畅所欲言，无论是学习上的烦恼和困难，还是生活上的困惑与不解，爸爸妈妈都想多了解一些。我的掌上明珠，爸爸希望你能够在我们的关爱下，历经时间的打磨发出更加璀璨的光芒，成长为一名知性、达礼的现代女性，一生都健康、平安、快乐。

任何秘密都可以跟妈妈说

女儿，随着你一天天长大，你心里的小秘密也越来越多，比如跟××成为好朋友了，跟××有冲突了，被老师批评了，等等，但是，有一种秘密你可千万不能隐藏在心底。如果不想告诉爸爸，或者不方便告诉爸爸，那一定要告诉妈妈，妈妈会非常乐意倾听的。

2014年7月3日，对于小茹一家来说，简直是遭遇了晴天霹雳——他们得知，9岁的小茹居然被邻居性侵了3年之久，而在此之前，他们却一无所知。

小茹一家是从老家来到广州开旅馆的，隔壁住着的小锋一家是小茹的老乡，而小锋与小茹年龄相仿，他们常常在一起玩。

3年前的一天，小茹睡过午觉后来找小锋玩，却发现小锋跟妈妈外出了。小锋的爸爸热情地招呼小茹说："进来等吧，小锋一会儿就回来。"小茹平时总来小锋家串门，想都没想就进去了。小锋爸爸特意给小茹打开电视说："你在沙发上看动画片吧，叔叔去给你拿点水果吃。"小茹连声说："谢谢叔叔。"

小茹正看着动画片，小锋爸爸端着一盘葡萄就坐在了小茹身边，让小茹很不舒服的是，叔叔坐得离她非常近，并且还将手搭在了她的身上。"小茹真是可爱啊，叔叔一直就想要个你这样的女儿。"小锋爸爸边说边用手开始摸小茹。小茹扭着身子，尽力地想躲开他的手，然而看到小茹并没有叫喊，小锋爸爸更加肆无忌惮，最终侵犯了小茹。

事情结束后，小锋爸爸威胁小茹说："这是我们俩的秘密，你不许把这件事告诉任何人，否则就会怀上小孩。"幼稚的小茹被小锋爸爸的话吓到了，她可不想有小宝宝。这件事情发生后，小茹一直躲着小锋爸爸，更不敢去小锋家了。

可是，小锋爸爸却想方设法地靠近小茹，并在一天趁着没人的时候恶狠狠地打了小茹一顿，并且威胁道："以后每个周末早上9点你都必须来我家，并且要高高兴兴地来，不能有半点不情愿，否则我就更狠地打你！"小茹害怕极了，又不敢告诉爸爸妈妈，只能按照小锋爸爸的话去做。

这件事情就这样持续了3年之久，直到有一天妈妈发现小茹的内裤上总有污渍，并且颜色很不对劲，于是带女儿去医院检查，结果才发现小茹隐藏了很久的"秘密"。而这个秘密对小茹的身心造成的伤害已经无法弥补。现在的小茹只要看到或者想到与自己受伤害相关的情景，都会深受刺激，情绪崩溃。

女儿，这下你明白爸爸说的是哪种秘密了吧。这种秘密是不是非常可怕？处于你们这个年龄段的女孩，柔弱胆小，对于性知识懵懵懂懂，很容易被犯罪分子利用，导致遭遇伤害后不知道如何跟爸爸妈妈说。甚至有的孩子根本就不知道自己遭遇了什么。就像案例中的小茹，犯罪分子一句"说出秘密就会怀上小孩"的话就被吓到了，再加上对方的暴力胁迫，居然"帮助"侵害自己的人隐瞒了那么久的"秘密"。

如果小茹从一开始就把所有的一切告诉妈妈，那么随后的3年这种恶性事件就不会发生，而小茹也会被及时地保护起来，坏人也将得到惩处。所以说，我的女儿，如果哪天不幸有了这种秘密可千万不能隐瞒妈妈。

要知道，这种可怕的秘密所带来的伤害并不会随着时间的流逝而消失，反而会留在你的心底，不断地折磨你的身心。要想消除这种伤害最有力的措施就是给坏人以应有的惩罚，让他们为自己的所作所为付出代价，承担后果。你的任何一点隐瞒都是在纵容他们，甚至是给他们制造机会，从而将自己再一次置于危险之中。

所以，我的女儿，在任何时候，任何情况下，只要有异性做出了让你不舒服的举动，或者奇怪的行径，都要第一时间告诉妈妈，而不要将其深埋在心底，成为日夜摧残你身心的"秘密"。那么，针对此类事件我们该如何最大限度地保护自己呢？

1.远离一切可能的伤害

女儿，一定要远离那些可能对你造成伤害的人，无论是陌生人还是熟人，都不要随意跟异性单独在一起。要知道，这种侵害并不只是由陌生人实施的，调查显示，更多时候都是熟人作案。比如邻居家的哥哥、楼下的叔叔、楼上的爷爷、学校的老师，甚至是门口的保安等。所以，女儿，你要提高警惕，尽量避免自己与异性独处，更不要做出过分亲密的举动。你的背心和内裤所遮盖的身体任何人都不可以触碰。

2.一旦遭遇伤害，一定要第一时间告诉妈妈

女儿，万一在你与异性之间发生了什么，哪怕只是一个细微的动作令你不舒服了，即使没有造成什么实质性的伤害，也要第一时间告诉妈妈。对妈妈而言，这没有什么是难以启齿的，也不要带有任何的顾虑。记住，所有的问题都可以与妈妈分享，都可以找妈妈来帮忙解决。

3.说出秘密，你不会受到责怪

女儿，你要记住，如果真的发生这种事情错不在你，而是那些人太邪恶。爸爸妈妈会坚决地站在你的身后保护你、支持你，而不会责怪你、打骂你。所以，不要怕秘密泄露受到非难，要勇敢地说出来。只有这样，你才能避免再一次受到伤害，才能尽快地从这种噩梦中逃脱出来。

女儿，在任何时候都要记住，和父母不能有这种秘密，尤其是和妈妈。只有将这些所谓的秘密揭示出来，你的安全才有保障，你才会有健康成长的环境。当然，爸爸希望你永远也没有这种秘密，永远也不会遭受这样的经历。爸爸只是在给你一种提醒，希望你能多一分警惕。

天下最爱你的男人是你的老爸

我的女儿，爸爸至今还记得当年你刚刚出生时的那一幕，软软的身体，香甜的味道，小小的裹在襁褓中，从那一刻起我就发誓将会用一生来爱你、保护你。

随着你渐渐长大，爸爸也慢慢地退出你的生活，默默地站在了你的背后。我虽然很爱你，却也不得不与你保持距离。爸爸不能再像你小时候那样陪伴你睡觉，亲密地搂着你嬉闹，甚至是帮你穿上美丽的裙子了。但是，老爸对你的爱却一点也没少。

女儿，父爱如山，我们这里来看看一个女孩在父亲节那天写的博文吧。

我如愿以偿考上了市重点高中，家里离市里比较远，要坐早班大巴车去市里。开学的头一天，我收拾行李到半夜。

第二天早晨我醒来的时候，老爸已经起床了。其实，我本来是有同学做伴的，但老爸非要骑电动车送我去车站，他说这毕竟是我第一次出远门。

在我去洗漱的时候，老爸已经去厨房给我做早饭了，等我洗漱完毕，煎蛋和牛奶已经放在了餐桌上，他还问我要不要加糖，甚至怕我喝着烫，还一勺一勺地边搅边吹帮我凉好……看着老爸那认真的样子，我禁不住扭过头去抹眼泪。

当然，妈妈醒了以后，也帮我整理要带的衣物，可我感觉此时的老爸更让我感动。

骑电动车送我的路上，爸爸一直问我冷不冷，我说还好，就是腿有点冷，爸爸二话没说就把大衣脱下来盖在我的腿上，我顿时眼泪就忍不住了。幸好爸爸没有看到，不然又要心疼我了。

到了车站，看到了等着我一块去上学的同学，爸爸稍稍放心了一些，不过还是再三地叮嘱我路上要小心，我一直默默地点头。爸爸帮我买好票，把我送到了检票口。我和同学一块上了大巴车，挥手向爸爸致意。

不久，大巴车开动了，透过玻璃窗看到那个渐行渐远的熟悉的身影，泪水又一次模糊了我的视线……

女儿，看了这篇小博文，你有什么感想呢？其实，爸爸也和博文里的这位父亲一样疼爱你，只不过爸爸不善于表达，这可能与我们中国传统的含蓄文化有关吧，不知你是否能理解？老爸作为这个世界上最爱你的男性，作为一个既十分了解你、爱护你，同时又懂得男性心理的人，对你最大的守护则是为你提供一些人生的建议。

1.与尊重你的男生来往

真正愿意与你做朋友的男生会尊重你的想法，与你讨论的话题都是健康向上的。他们懂得如何去平等地对待女生，懂得珍惜并爱护女生。与他们相处，你不用违心去说不喜欢说的话，更不会被迫去做任何不情愿的事情。

15岁的小芬喜欢上了班里的小伟，感觉他很阳光、帅气，不但学习成绩好，篮球打得也很棒。每次小伟在篮球场上时，小芬都会忍不住看很久。渐渐地，两个人熟悉起来，常常一起写作业，一起玩耍。

但是，熟悉起来后小芬感觉小伟有很多方面令她不舒服。比如爱说脏话，常常当着篮球队的人和小芬讲一些让人难为情的段子。不过看到小伟那张帅气的脸，小芬又忍住了心中的不快，安慰自己"人无完人"。

有一天，小伟突然给小芬打电话，约她去游乐场玩。结果到了一看，除了小伟还有两个社会上的人。玩着玩着，其中一个人有意无意地总是摸小芬，小芬很生气地告诉了小伟，结果小伟却嫌她大惊小怪。为了与小伟的友情，小芬暂时忍了下来。没想到，那个人却越来越过分，小芬一怒之下回家了，再也不与小伟有任何瓜葛了。

每个女孩都会被异性吸引，这是很自然的。但是，女儿，你一定要学会分辨什么样的异性可以做朋友。如果遇到像小伟这样不懂得尊重女性的人，可千万不要委曲求全。即使勉强结识了，你也不会得到应有的尊重和友情。

2.相信爱情，更要相信亲情

女儿，你现在是学习的关键时期，爸爸不希望你早恋，但随着你渐渐长

大，早晚会步入恋爱和婚姻的殿堂，爸爸希望你相信爱情更要相信亲情。

一个女孩和一个男孩早恋了，女孩的家人发现了他们的事情，极力反对他们交往。可是女孩很固执，任凭父母怎么苦口婆心劝说都不为所动，甚至认为男朋友比父母更爱她，父亲一怒之下打了她一巴掌，女孩夺门而出，离家出走了。

离开家的女孩，无处可去，只好找到了她的男朋友倾诉心中苦闷。男朋友陪着女孩在城市里漫无目的地到处转悠，女孩的情绪渐渐缓和下来。尽管男朋友不断地安慰她，可是她的心中总感觉缺少了一些什么。

随着天色渐晚，男孩在父母电话的催促下回自己家了，女孩的心情又没了着落。她不知道该往哪里去，但两条腿却不由自主地往家的方向走去。此时已是万家灯火，她在自家楼下徘徊了很久，蓦然抬头，却发现父亲已经站在自己身边。

这一刻，她泪如雨下！

女儿，爱情固然是美好的，但亲情更难以割舍，即便是你爱情受挫时，亲情也永远会为你点亮一盏灯。

即使是爸妈也应当保持对你的尊重

女儿，爸爸平时最爱说的一句话就是："女孩子，一定要自尊自爱。"爸爸想你一定耳朵都听出茧子来了吧。今天，爸爸要补充的一句是："不但你要尊重自己，就算是父母也要保持对你的尊重。"是的，因为你是一个独立的个体，独立的人，不依附于任何一个人。就算是最最亲密的父母也要尊重你，这是你的权利。

10岁的小丹小小年纪就近视了，妈妈对她的这个问题一直很头疼。2015年9月的一天，妈妈在刷朋友圈的时候突然发现女儿同学燕子的妈妈在出售治疗近视眼的针灸贴。妈妈很想给小丹试试这个方法，于是就购买了针灸贴。

几天后，商品到了，妈妈很开心，一吃完饭就招呼小丹："宝贝，快来啊，妈妈买了治疗你的近视眼的针灸贴。据说非常有效果，我们来试试吧。"小丹一听对近视眼有效果也很高兴，非常配合地就让妈妈贴在了脸上。

妈妈边贴边看着说明书，嘴里还念念有词地说着什么。小丹听着直乐："妈妈，你说什么呢？我怎么一句也听不懂。"妈妈笑了笑说："说明书上说必须要贴到准确的位置上，我这不是怕贴错了嘛！"全都贴好后，妈妈还拿出手机给小丹拍了张照片。小丹笑着说："哎呀，妈妈，这么丑还拍什么照片啊！"因为平时妈妈常常给小丹拍各种生活照做纪念，小丹也没当回事。

临睡觉前，小丹习惯性地找了妈妈的手机看天气预报，却意外地看到同学燕子的妈妈给妈妈回复了一条微信。小丹随手点开却发现妈妈居然把自己贴着针灸贴的"丑照"发给了对方，这下小丹可生气了，她冲到妈妈跟前说："你怎么能把我这么丑的照片发给别人呢？你怎么能这么不尊重我呢？万一燕子看到了嘲笑我怎么办？要是全班同学都看到了我该怎么办啊！"

正在忙家务的妈妈被小丹的一系列质问给问蒙了，反应了半天才知道女儿是在说照片的事情。她很生气地说："我不发给对方看怎么知道贴得对不对啊！我辛辛苦苦为了你想那么多办法，你不但不感激，还对我发脾气！""这是我的照片，你这是侵犯了我的肖像权、隐私权！你不尊重我！"被小丹惹恼的妈妈忍不住动手打了她。

女儿，你看了这个案例又是什么想法呢？爸爸猜你一定是支持小丹的，那么爸爸得感到欣慰，因为你已经懂得了爸爸想说的道理——即便是父母也要保持对孩子的尊重。小丹妈妈的出发点是好的，想让别人看看自己贴的穴位对不对，她的关注点在针灸贴上。然而，她却忽略了自己所发的是女儿的照片，是应该提前征得女儿同意的。

当然，作为小丹来讲，也应当体谅妈妈的一片苦心，即便发现妈妈在未征求自己意见的情况下在朋友圈发自己的"丑照"，也应当理解妈妈，耐心向妈妈解释，而不是对妈妈发脾气。

在很多家庭中，父母常常把孩子看作是自己的私有财产，孩子的一切都由家长做主。在这一思想和教育方法的影响下，不少孩子也会觉得父母所做的一切都是理所当然的。其实这是一种错误的观点。

每个人都是一个独立的个体，都有自己的思想、自己的权利。每个人无论年龄大小都是平等的，都有自己的人格，作为父母要懂得尊重孩子，维护孩子的自尊。只有这样孩子最终才能成长为一个有着健康人格、懂得自尊自爱的人。所以，女儿，在这里爸爸也郑重地承诺你，我和你的妈妈永远会尊重你，平等地对待你。如果我们有做得不好的地方，你随时可以提出来，我们接受你的监督。

1.我们会尊重你的选择

女儿，你渐渐长大了，在生活、学业、未来发展等各个方面都有了自己的想法，有了自己的选择。只要你说的有道理，爸爸妈妈都会尊重你，而不会凭借自己的主观意志来逼迫你服从。

2.我们会尊重你的想法

女儿，爸爸很欣喜地看到你有了自己的主见，有了自己的想法。因此，只要是有关于你的一些事情和决定，爸爸妈妈都会充分地听取你的意见，尊重你的想法。也希望你由此而成长为一个独立自主、有个性的女性。

3.我们会尊重你的隐私

女儿，每个人都有一些埋藏在心底、不希望与人分享的小秘密，爸爸妈妈会尊重你的这些隐私。如果你想跟爸爸妈妈分享，那么我们很乐意倾听并给你一些建议。如果你不希望爸爸妈妈知道，那么我们也不会强求。但是，有一点你必须要向爸爸妈妈保证，这些秘密不涉及你的人身安全问题，不会影响你的心理健康。否则的话，爸爸还是希望你能坦诚地说出来。

女儿，爸爸妈妈会像承诺的那样尊重你、爱护你，但是你也要懂得尊重爸爸妈妈，理解爸爸妈妈的一番苦心，适当听从爸爸妈妈的意见。凡事与爸爸妈妈商量，不可任意妄为，更不可瞒着爸爸妈妈去做一些危险的事情。你要记住，尊重是相互的。你希望赢得我们的尊重，就要先学会尊重我们。

与父母闹别扭，千万不可赌气离家出走

女儿，现在有些孩子与父母发生了争吵，动不动就离家出走，爸爸可不希望你这么做。因为，赌气离家出走不仅容易给自己带来危险，还会让父母非常担心，非常伤心。

2015年1月，家住北京海淀区的小恩这两天正因为课外辅导班的事情跟妈妈闹矛盾。这天下午，母女俩又为此事吵了起来，妈妈坚持每天放学都要小恩去上课外辅导班，而小恩则坚持要在家里自学，结果13岁的小恩生气地摔门而出，临走前还丢下了一句狠话："这个家我不回来了，我看你找谁去上那些辅导班！"

话已出口，强烈的自尊心让小恩一时半会难以回家。她一个人无聊地在

家附近转悠了一个多小时，突然手机响了，小恩一看是同学李唐打过来的。她接起电话，李唐问小恩在干什么，小恩便把与妈妈发生冲突的事情都说了出来。李唐一听便打抱不平地说："这些大人们啊，真不知道是怎么想的。得了，你来我家吧，我家附近有个亲戚开的宾馆，到时候我去帮你订个房，你今晚就别回家了，吓唬他们一下，看他们以后还敢不敢逼你！"小恩一听好主意，于是就坐车来到了李唐家。

小恩来到了李唐家才发现，除了李唐还有一名20多岁的男子。李唐大大咧咧地给小恩介绍说："这是我新认识的大哥，于强。"小恩打过招呼后，3个人便一起来到宾馆给小恩订了个房间，而后又在房间里海阔天空地聊到了晚上，李唐和于强便起身告辞回家了。临走前，李唐拍拍小恩的肩膀说："别想那么多了，好好睡一觉，明天回家就没事了。"小恩感激地点点头。

小恩一个人在宾馆里看了会儿电视，突然听到有人敲门，小恩借助猫眼一看原来是于强，便打开了房门。没想到，门刚一打开，于强便强行冲了进来，并就势逼迫小恩与其发生了关系。

受到侵害后的小恩痛哭着给妈妈打了电话，妈妈立刻报警并将小恩接回了家。虽然最终于强受到了法律的制裁，但是留给小恩的却是无法抹去的伤害。

我的女儿，"冲动是魔鬼"，本来小恩只是因为与妈妈有一些分歧而发生了争吵，结果却冲动地选择了离家出走，最终导致了无法逆转的后果。

女儿，随着你慢慢长大，你的思想、观念等也在不断变化和成熟。因为年龄、阅历、立场等的不同，在很多问题上，我们之间难免会出现分歧。爸爸希望你无论是据理力争，还是激烈地辩论、争吵，都永远不要用离家出走的极端方式来释放自己的情绪。要知道，离开了家和父母的庇护，或许有很多邪恶的眼睛在盯着你们这些离群的"羔羊"。

女儿，无论我们为什么事情争吵得多么激烈，无论我们在某些问题上是如何的"势不两立"，你都要明白，爸爸妈妈都始终是爱你的。我相信对你来说，我们也是非常重要的人。所以，如果我们伤害到了你，让你心里不舒服了，一定要告诉我们，而不是采取极端的手段来"惩罚"我们，让我们心急如焚。坦诚相待才是解决问题的根本途径，一走了之是在逃避问题，而不是解决问题。

争吵的目的是解决问题，相互了解对方心中的所想，最终各退一步，获得一个双方都满意的结果。如果说，一吵架就离家出走，那就失去了解决问题的条件，同时也很容易像小恩那样把自己置于危险的境地。你说爸爸说的有道理吗？我的女儿。

如果你也认同爸爸的说法，那么我们不妨针对今后可能发生的"吵架"来制定一系列的规则如何？

1.情绪稳定、态度平和地摆明各自的观点

女儿，当与爸爸妈妈的意见发生分歧时，爸爸希望你尽可能心平气和地说出自己的想法，摆事实讲道理，爸爸也向你保证要保持住情绪的稳定，不用家长权威来压制你的思想。首先我们大家都要有解决问题的良好态度，才能实现沟通和交流。

2.吵架后坚决不能离家出走

如果说，我们最终还是忍不住大吵一架，那么也千万不要离开家。如果你想冷静一下，那么大可以关上门回到自己的房间里。爸爸妈妈也会尽量不去打扰你，让我们双方都有个情绪缓和的时间和空间。

如果你实在想出去走一走，想去到同学或者朋友家散散心，那么一定要明确地告诉爸爸妈妈你的具体去向，以及回家的时间。让爸爸妈妈了解你的行踪，从而保证你的出行安全。

走出家门，一定要记得安全第一，随时保持与爸爸妈妈的联系，遇到危险及时报警求救，避免受到伤害。

3.换种方式来发泄心中的愤怒

女儿，除了离家出走，其实还有很多其他的方法来使自己的情绪稳定，来舒缓自己的不开心。比如，做点自己喜欢的手工，画幅画，看会儿书，这些都是很好的排解烦闷心情的方法。与离家出走相比，不但安全还有意义。

我的女儿，看了这个主题的内容，爸爸希望你能永远记住，不管是因为什么与爸爸妈妈闹别扭都一定记得：千万不要被愤怒冲昏了头脑，更不要抱着让爸爸妈妈后悔的想法而做出令自己终生遗憾的事情。

万一做错了事，也不要隐瞒父母，要向我们求助

女儿，青春期是最容易躁动的时期，也是最容易犯错的阶段。"人非圣贤，孰能无过"，如果有一天你做错了什么事情，千万不要隐瞒爸爸妈妈。你要相信，爸爸妈妈永远是你坚强的后盾，会永远站在你的身后保护你、帮助你。

12岁的小薇很喜欢上网交朋友，为此爸爸妈妈不知道批评过她多少次。爸爸还专门找了一些网上交友被骗的案例给小薇看，但是小薇总是不以为然，觉得自己根本就不可能碰上这种事情。再说，自己只是网上聊聊天，根本就没打算跟那些网友见面，于是仍然偷偷地上网聊天。

2015年3月，有一个网名叫做"天涯"的人加了小薇，两个人很快就熟悉起来。小薇告诉对方自己12岁，正在上小学六年级。而"天涯"则告诉小薇自己22岁了，是一家工厂的工人。在聊天的过程中，"天涯"几次要求与小薇见面都被她拒绝了。

4月的一天，"天涯"对小薇说："我大哥是黑社会老大，他的兄弟都是有枪的，你明天上午10点钟必须出来跟我见面，否则我就让我大哥把你家里人都杀了！"小薇看着屏幕上威胁的话语吓呆了，但是又不敢告诉爸爸妈妈，怕他们骂自己不听话。

第二天上午，小薇乖乖地来到了"天涯"居住的地方与其见面。小薇一进屋就被"天涯"暴力威胁脱光了衣服，"天涯"用手机给小薇拍了裸照，并恐吓小薇，再不听话不但要杀了她的家里人，还会把她的裸照发到网上去，让所有人都知道。在"天涯"的胁迫下，小薇被其侮辱了。

几天后的凌晨4点左右，"天涯"再次通过QQ胁迫小薇出来与他约会，小薇不得已瞒着父母偷偷离开了家。一出家门就被"天涯"带到了宾馆中实施强奸，直到3小时后才得以离开。当天早上，小薇的爸爸本想叫她起床，结果发现女儿早已经离开了家，而晚上回来后又神色紧张，很不正常。在爸爸妈妈的轮番盘问下，小薇才说出了实情。

小薇的爸爸立刻带女儿去派出所报警，最终将"天涯"抓捕归案。

在这个案例中，原本小薇一开始只是犯了点小的错误——没有听从父母的劝告，我行我素上网聊天、交网友，然后又因为害怕被父母批评，一错再错，最终落入了不法之徒的魔爪。真的是令人惋惜。

我的女儿，作为父母，我们之所以会对你的一些想法和做法百般阻挠，最主要的原因就是害怕你受到伤害。就像小薇的父母那样，也只是因为担心会有居心叵测的网友伤害到他们未成年的女儿，才会如此反对小薇上网聊天。试想，如果小薇在受到网友骚扰后，并没有隐瞒父母，而是向他们求助，那么结果必定不会如此严重。

女儿，像你这么大的孩子，从小到大的成长环境还是比较单纯的，基本就是在学校和家中，面对社会上的诱惑和险恶，你们既没有经验，也没有经历，更不知道如何去应对。天性善良的你们很容易轻易相信别人说的话，也很容易受到坏人的胁迫,但是你们可能没有认真思考过,这一切完全可以通过及时与父母交流和沟通来避免。

女儿,每个人在成长的道路上都难免会走一些弯路,犯一些错误,这都不可怕。可怕的是,你的一丝一毫的隐瞒很可能产生多米诺骨牌效应,就像小薇所遭遇的那样,一步步掉入深渊。与那些可怕的厄运相比,对父母坦白自己的错误,受到父母的责怪和批评又算得了什么呢?

所以,我的女儿,当你做错事情时,爸爸希望你能保持头脑清醒:

1.无论多大的错误都不要隐瞒父母

其实很多时候,错误本身并不可怕,可怕的是为了隐瞒一次错误而不断地犯错。俗话说"一个谎言需要无数个谎言来掩盖",错误也是如此。所以,女儿,无论你犯了多大的错误都不要隐瞒,而要第一时间告诉爸爸妈妈,从第一次犯错时就让它戛然而止。我们共同来面对和解决。

2.坚信爸爸妈妈永远是你坚强的后盾

女儿,与错误本身相比,你才是更重要的那个。天底下没有哪个父母会因为儿女犯了错就宁肯失去他们。所以,无论发生了任何事情你都不会失去爸爸妈妈的支持和帮助,更不会失去爸爸妈妈对你的爱。

3.及时改正错误,以免一错再错

如果你所犯的错误并没有危害到自身安全,暂时不想告诉爸爸妈妈。那么请务必及时改正,否则可能会像滚雪球一样,越滚越大。其实,从另外一个角度来说,你告诉了爸爸妈妈,就有了监督你的人,也有助于尽快地帮助你改正错误。

女儿,人生的道路上有鲜花,也有荆棘,勇敢地去面对它、解决它,才能拥有灿烂绚丽的未来。

不妨和父母或同学一起进行安全演练

我的女儿，在这本书里我们讲了很多安全方面的案例，如校园霸凌、坐黑车失联、电信诈骗、送陌生人回家、被陌生人搭讪等，爸爸也给你分析了遇到不同的情况该如何去做，可以采取哪些措施脱险。但是，爸爸还是有些担忧，毕竟你并没有真正地身临其境，当事情突然发生时，你是否能够冷静、正确地应对？是否能够做到头脑清醒，临危不乱呢？不如我们趁着周末找上几个小伙伴一起来进行一次安全演练吧！

女儿，平日里爸爸对你的安全教育只能算是纸上谈兵，而你对于如何面对危险做出反应也仅限于理论上的，口头上的，缺乏实际的操练。只有你真正地"身临其境"，亲自做出来，亲身体验到，才能够发现自身存在的问题，从而弥补不足，提升自我。这种安全演练就像学校常常组织的消防演习、地震演习一样，意义重大，作用非凡。

2008年汶川大地震时，安县桑枣中学的2200多名学生和上百名老师仅仅用了1分36秒就从不同的教学楼和不同的教室中成功疏散到操场上，并以班级为单位站好，创造了师生无一伤亡的奇迹。这得益于校长叶志平加固教学楼，平时加强引导学生做安全疏导训练。

怎么样，女儿，你是不是感到非常震撼！这就是安全演练的力量。其实，这种安全演练就像你们在期末考试前要进行模拟考试，借此来训练你们对考试时间的把控，考察你们对知识的掌握情况，通过不断的演练来提升你们的考试成绩。

因此，如果你想提升自己的自我保护能力和安全意识，安全演练也是一个不可忽视的环节。那么，在进行安全演练时要注意哪些问题，才会更加有

效呢?

1.设置与真实案件相同或相似的场景

演练的真实性决定了演练的成功与否,因此,进行安全演练时,最好选取与真实案例相同或相似的场景,这样的演练更有针对性和实用性。你可以与参与演练的成员共同商议后,从网络中选取几个真实的案件,比如网友邀约、陌生人问路等,进行模拟。

2.不要预先设定剧情,背好台词,演练考验的是灵活应变能力

为了提升小蕊的自我保护能力,爸爸常常会模仿新闻中的事件与她进行演练。这次父女二人演练的是坏人尾随抢劫的事件。

小蕊假装走在前面,感觉到后面有人在跟踪,正想走到街对面来试探一下身后的人是否是坏人,结果扮演坏人的爸爸突然就冲了上来抓住了小蕊的胳膊。小蕊大叫一声:"爸爸,你演错剧情了!"爸爸先是被逗得哈哈大笑,继而十分严肃地对小蕊说:"什么演错剧情了,真正的坏人会按部就班地实施行动吗?演习考验的就是你的应变能力!"

女儿,进行安全演练的目的就是,通过应对不同的情景来提升你的临场应变能力,所以千万不要事先设定好剧情,串好台词,那就毫无意义了。只需要设置好场景或者主题,剩下的则全靠参加演练的人自己发挥。具体该说什么、该做什么,都可以先根据自己的第一反应。如果这样做的效果不好,那恰恰说明还需要改进。如果你能够应对自如,就可以增加你自我保护的信心。

3.经常演练,加强防范

某小学一年级新生正在进行消防大演习。笑笑之前在幼儿园已经参加过了,所以一点儿也不慌张。演习开始后,笑笑直立着身子捂着鼻子就跟随着

同学们往外面跑，结果刚出教学楼就被一股浓烟呛得不停地咳嗽起来。老师大声地冲笑笑喊："弯下腰，压低身子跑，用湿手帕捂住鼻子！"

演习结束后，老师进行了总结：虽然大部分同学都参加过消防演练，但是并不熟练，对于自救的方法也掌握得不够到位。因此，以后还要多多加强演练。

俗话说：熟能生巧。安全演练并不是一劳永逸的事情，要时不时地进行练习，不断强化自己对安全的意识，以及面对危险自我保护的能力。当演练变成了习惯，一旦遭遇危险，就能自如地应对。

4.认真对待，并及时总结经验教训

女儿，安全演练是为了提升你的防范意识和自我保护能力，因此，无论你是跟爸爸妈妈演练，还是同学之间演练都务必要摆正态度，认真对待。切不可嘻嘻哈哈、敷衍了事，那样的演练纯粹是浪费时间。另外，每次演练结束后都要认真分析总结其中的不足，共同商议如何改进，从而使自己的防范能力不断提升。

女儿，在你的成长过程中，安全问题是一个绕不开的话题，勇敢地去面对它、正视它，才能解决它。衷心地祝愿我的女儿能够拥有安全祥和的一生！